1 観察の記録のしかた

◉観察や記録のしかたについて，言葉をなぞりましょう。

観察のしかた

生き物を観察したときは，| カード | などに | 記録 | する。

生き物を調べた別のカードとくらべると，生き物の色や形，大きさなどの

| ちがい | を調べることができる。

チャレンジ！
カードに記録するとよいことをなぞろう。

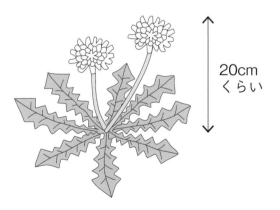

かんさつカード

生き物　タンポポ

名前　山田はな　　日づけ　4月15日10時

天気　晴れ　　　　場所　校庭

20cm
くらい

花は黄色で，葉は緑色だった。
葉がぎざぎざしていた。

観察した | 日づけ | や時こく，

天気，場所，わかったことをかく。
思ったことを書いてもよい。

絵は，実物をよく見て，はっきりとした線で大きくかくよ。
写真をはったり，たねなどは実物をはったりしてもいいね。

むやみに植物をとったり，動物をつかまえたりしてはいけないよ。
つかまえた動物は，観察が終わったら，もとの場所にはなそう。

[1] 野原で生き物を観察します。次の問いに答えましょう。

(1) 観察のときの服そうで，いちばんよいものに○をつけましょう。

①(　　)

②(　　)

③(　　)

(2) つかまえた動物は，観察が終わったらどうするとよいですか。

(　　　　　　　　　　　　　　　　　　)

[2] 生き物を観察して，右の図のようにカードにまとめました。次の問いに答えましょう。

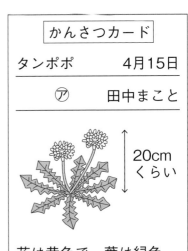

かんさつカード

タンポポ　4月15日

㋐　田中まこと

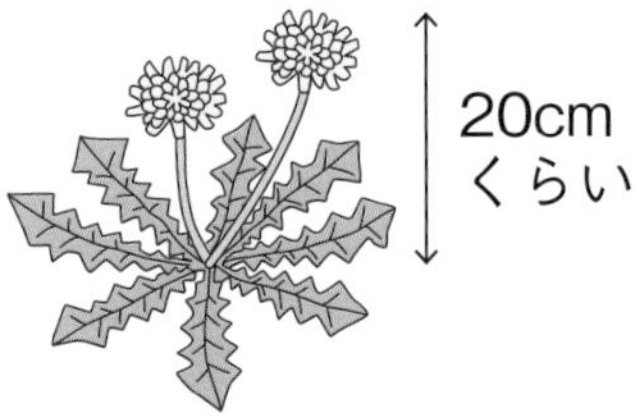

花は黄色で，葉は緑色だった。
葉がぎざぎざしていた。

(1) ㋐に書くとよいことを，1つ書きましょう。

(　　　　　　　　　　)

(2) カードの書き方で，正しいものに○，まちがっているものに×をつけましょう。

①(　　)わかったことだけを書き，思ったことは書かない。

②(　　)文でくわしく書き，絵や写真は使わないようにする。

③(　　)たねなどは実物をはりつけてもよい。

(3) できたカードは，どのようにするとよいですか。正しいものに○をつけましょう。

①(　　)別の生き物のカードとならべて，特ちょうをくらべる。

②(　　)カードの内容をおぼえたら，カードはすてる。

ヒント [1](1)けがをしたり，虫にさされたりしない服そうで観察します。

② 虫めがねの使い方

月　　日

⏰かかった時間

分

● 虫めがねの使い方について，言葉や図をなぞりましょう。

虫めがねの使い方

虫めがね を使うと，小さい生き物を 大きく 見ることがで

きる。

チャレンジ！

虫めがねを使った観察で，動かすものの矢印をなぞろう。

【動かせるものを見るとき】

虫めがねを 目 に近づけて持ち，

見るもの を動かして，

はっきり見えたら止める。

【動かせないものを見るとき】

虫めがねを目に 近づけて

持ち，見るものに近づいたり遠ざかったり
して虫めがねを動かし，はっきり見えたら
止まる。

目をいためるので，虫めがねで太陽を見てはいけないよ。

3

1 右の図のように，タンポポの花を持って，虫めがねで
観察します。次の問いに答えましょう。

(1) 虫めがねの持ち方で，正しいものに○をつけましょう。

　①（　　　）目に近づけて持つ。

　②（　　　）目からはなして持つ。

(2) はっきり見えるようにするには，タンポポと自分の
　　どちらを動かしますか。

　　　　　　　　　　　　　（　　　　　　　　　　　　　）

(3) タンポポの花がはっきり見えたとき，大きさはどのように見えますか。

　　　　　　　　　　　　　　　　（　　　　　　　　　　　　　）

2 右の図のように，木のえだにさいて
いるサクラの花を，虫めがねで観察し
ます。次の問いに答えましょう。

(1) はっきり見えるようにするにはど
　　うすればよいですか。正しいものに
　　○をつけましょう。

　①（　　　）サクラの花に，自分が近づ
　　　　　　いたりはなれたりして，虫めがねを動かす。

　②（　　　）えだを折って手に持ち，サクラの花を動かす。

(2) 虫めがねで太陽を見てはいけないのはなぜですか。

　（　　　　　　　　　　　　　　　　　　　　　　　　　　　　　）

ヒント　　**2**(1)観察する生き物を，むやみにとったりつかまえたりしてはいけません。

しぜんの観察①

● 身のまわりの植物について，言葉や図をなぞりましょう。

身のまわりの植物

わたしたちの身のまわりには，いろいろな植物があります。

 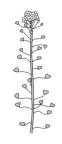 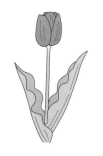 

| タンポポ | ナズナ | チューリップ | ホトケノザ |

葉の色，葉の形，大きさなどは，にていたり，ちがっていたりするよ。

チャレンジ！
葉の形をなぞろう。

タンポポの葉はぎざぎざしているね。

タンポポ　　　　　　　　　アブラナ

 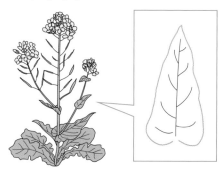

・花の色は 　にている 　。

・葉の形は 　ちがう 　。

生物の分類

にている点やちがっている点をもとに，いろいろな生物をいくつかのなかまに分けることを，分類という。

5

1 次の観察カードの植物について，あとの問いに答えましょう。

かんさつカード	かんさつカード	かんさつカード
4月8日　　　佐藤みのる	4月8日　　　佐藤みのる	4月8日　　　佐藤みのる
タンポポ　　　校庭	㋐　　　野原	ナズナ　　　道ばた

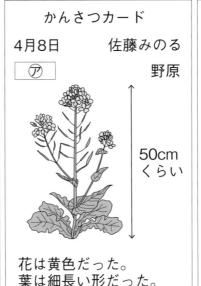

10cm
くらい

50cm
くらい

15cm
くらい

花は黄色だった。
葉はぎざぎざしていた。
葉は緑色だった。

花は黄色だった。
葉は細長い形だった。
葉は緑色だった。

花は　㋑　だった。
上と下の葉の形がちがった。
葉は緑色だった。

(1)　㋐にあてはまる植物の名前を書きましょう。　（　　　　　　　　　　　　）

(2)　㋑にあてはまる色を答えましょう。　　　　　（　　　　　　　　　　　　）

(3)　図のタンポポと㋐の植物は，花の色がにていますか，ちがっていますか。

（　　　　　　　　　　　　）

(4)　図の3つの植物の葉の形について，正しいものに○をつけましょう。

①（　　　）葉の形は，どれも同じである。

②（　　　）葉の形は，植物によってちがう。

(5)　図の3つの植物で，どれもにていた特ちょうに○をつけましょう。

①（　　　）大きさ　　　②（　　　）葉の色

(6)　植物の特ちょうで，正しいものに○をつけましょう。

①（　　　）植物の特ちょうは，どれもだいたい同じである。

②（　　　）植物の特ちょうは，にていたり，ちがっていたりする。

ヒント　1(6)身のまわりには，いろいろな色の花がさいています。また，葉が緑色の植物が多く見られます。

しぜんの観察②

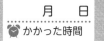

🔵 身のまわりの動物について，言葉や図をなぞりましょう。

身のまわりの動物

わたしたちの身のまわりには，いろいろな動物がいます。

モンシロチョウ

ダンゴムシ

ナナホシテントウ

体の色や，全体の形，大きさなどは，動物によって
にていたり，ちがっていたりするよ。

チャレンジ！

チョウのはねのもようをぬりつぶそう。

モンシロチョウ　　　　　　　　　ベニシジミ

はねのもようは　ちがう　。はねやあしの形は　にている　。

1 次の観察(かんさつ)カードの動物(どうぶつ)について，あとの問いに答えましょう。

かんさつカード	かんさつカード	かんさつカード
4月8日10時　佐藤みのる	4月8日11時　佐藤みのる	4月8日10時　佐藤みのる
[ア]　花だん	アリ　校庭	モンシロチョウ　花だん
1cmくらい 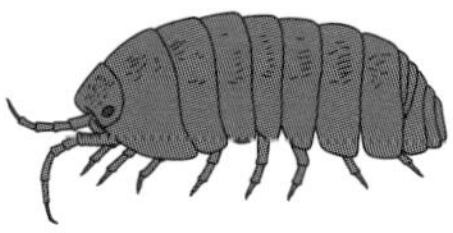	1cmくらい 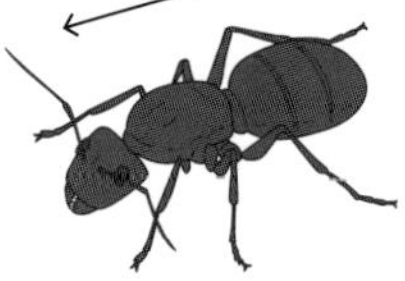	 3cmくらい
色は黒色だった。 あしがたくさんあった。	色は [イ] だった。 あしが6本あった。	色は白色だった。 あしが6本あった。 はねが4まいあった。

(1)　[ア]にあてはまる動物の名前を書きましょう。　(　　　　　　　)

(2)　[イ]にあてはまる色を答えましょう。　(　　　　　　　)

(3)　図の[ア]の動物と，アリの体の大きさをくらべました。正しいものに○をつけましょう。

①(　　)体の大きさは同じくらいだった。

②(　　)体の大きさはちがっていた。

(4)　図の[ア]の動物とモンシロチョウは，あしの数が同じですか，ちがいますか。

(　　　　　　　)

(5)　図のアリとモンシロチョウで，モンシロチョウだけにあるものに○をつけましょう。

①(　　)あし　　②(　　)はね　　③(　　)目

(6)　動物の特(とく)ちょうで，正しいものに○をつけましょう。

①(　　)動物の特ちょうは，どれもだいたい同じである。

②(　　)動物の特ちょうは，にていたり，ちがっていたりする。

ヒント　1 (4)[ア]の動物のあしは14本あります。

● 植物の育ち方について，言葉や図をなぞりましょう。

たねまき

植物によって，　たね　の形や大きさが　ちがう　。

 5mm
くらい

 1cm5mm
くらい

 2mm
くらい

アサガオ　　　　ヒマワリ　　　　ホウセンカ

たねからはじめに出てくる葉を　子葉　という。

チャレンジ！
子葉の形をなぞろう。

 たねまきをしたら，
水やりをしよう。

ホウセンカ

 たねに土を
少しかける。

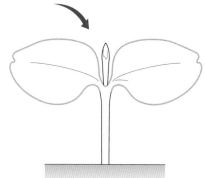

ヒマワリ

 指であけたあなに
たねをまき，土を
かける。

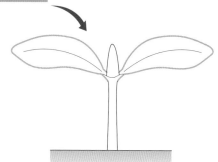

 どちらも子葉が2まい
出ているね。

子葉の数
子葉の数は，植物によってちがう。イネや
トウモロコシは，子葉が1まいである。

1 図1のような，ヒマワリとホウセンカのたねをまきます。次の問いに答えましょう。

図1

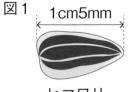
ヒマワリ
1cm5mm

ホウセンカ
2mm

(1) たねが大きいのは，ヒマワリとホウセンカのどちらですか。　　　（　　　　　　　）

(2) ヒマワリのたねのまき方で，正しいものに○をつけましょう。

①（　　　）

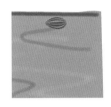
たねに土を少しかける。

②（　　　）

指であけたあなにたねをまき，土をかける。

(3) たねまきをしたら，土がかわかないように，何をしますか。
（　　　　　　　　　　　　　）

(4) 図2のように，ヒマワリとホウセンカのたねから芽が出ました。たねからはじめに出た㋐を何といいますか。　　　（　　　　　　　）

図2

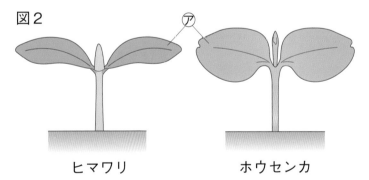
ヒマワリ　　　　　ホウセンカ

(5) ヒマワリとホウセンカは，図2の㋐が何まいありますか。■■■からそれぞれ選びましょう。

1まい　　2まい　　3まい　　4まい

ヒマワリ（　　　　　　　　　　）
ホウセンカ（　　　　　　　　　）

 ヒント　　**1**(2)①は小さいたねのまき方，②は大きいたねのまき方です。

6 植物の育ち方②

月　　日
かかった時間
分

● 植物の育ち方について，言葉や図をなぞりましょう。

植物の育ち方

子葉が出た後，| 葉 | が出てくる。葉と子葉では，形が | ちがう |。

植物が育つにつれて，葉の数が | ふえ |，高さ(草たけ)が | 高く | なり，

くきが | 太く | なっていく。

ヒマワリ

子葉　　　　　　　　　　　葉

地面から，いちばん上の
葉のつけ根までの高さを
はかるよ。

チャレンジ！

植物の高さの変化をまとめたグラフをぬりつぶそう。

ヒマワリの高さ

4/22	2cm
4/28	4cm
5/10	6cm
5/28	12cm
6/8	18cm

高さがどんどん高く
なっているね。

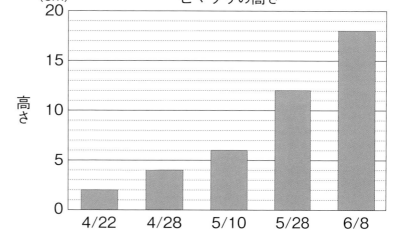

ヒマワリの高さ

11

1 ホウセンカのたねをまいて育(そだ)てます。あとの問いに答えましょう。

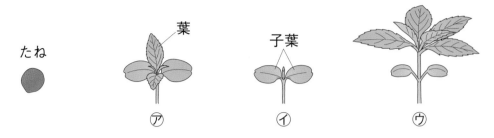

たね　　　葉　　　子葉

⑦　　　⑦　　　⑦

(1) たねが育つ順(じゅん)に，⑦，⑦，⑦をならべましょう。

(たね　→　　　　→　　　　→　　　　)

(2) ⑦の葉(は)と⑦の子葉(しよう)の形をくらべました。正しいものに○をつけましょう。

①(　　)葉と子葉は形が同じ。　②(　　)葉と子葉は形がちがう。

(3) ホウセンカが育つにつれて，高さどうなりますか。

(　　　　　　　　　　　　　　　　　)

(4) 高さのはかり方で，正しいものに○をつけましょう。

①(　　)　　　　　　　　②(　　)

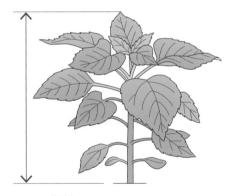

地面(じめん)からいちばん上の葉の先までの高さをはかる。

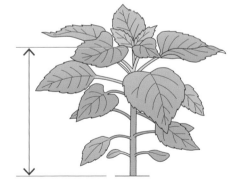

地面からいちばん上の葉のつけ根(ね)までの高さをはかる。

(5) ヒマワリの育ち方で，正しいものに○をつけましょう。

①(　　)ホウセンカのように，(1)で答えた順に育つ。

②(　　)ホウセンカとちがい，(1)で答えた順とはちがう順で育つ。

ヒント　1(5)ヒマワリは，たねから子葉が出た後，葉が出て，どんどん大きくなっていきます。

7 植物の体のつくり

月　日
かかった時間
分

🔵 植物の体のつくりについて，言葉や図をなぞりましょう。

植物の体のつくり

植物の体は，| 葉 | , | く き | , | 根 | でできている。

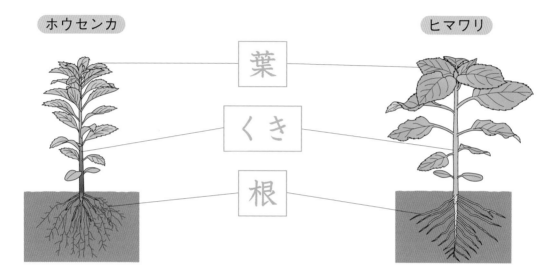

ホウセンカ

葉

くき

根

ヒマワリ

チャレンジ！
葉，くき，根の形をなぞろう。

葉はくきについているね。
くきの下に根があるよ。

葉，くき，根のつながり

葉，くき，根には，水が通る部分や，よう分が通る部分がある。これらは葉，くき，根でつながっている。

13

1 右の図は，ヒマワリとホウセン
カの体のつくりです。次の問いに
答えましょう。

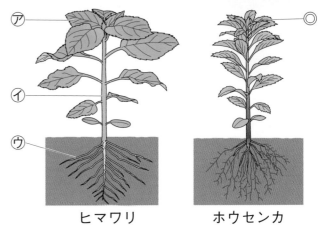

ヒマワリ　　　　ホウセンカ

(1) ㋐，㋑，㋒の部分をそれぞれ
何といいますか。

㋐（　　　　　　　　　）

㋑（　　　　　　　　　）

㋒（　　　　　　　　　）

(2) 土の中にある部分は，㋐，㋑，㋒のどれですか。（　　　　　）

(3) ホウセンカの◎にあたる部分は，㋐，㋑，㋒のどれですか。（　　　　　）

(4) ホウセンカの体のつくりで，正しいものに○をつけましょう。

①（　　　）ホウセンカはヒマワリと同じように，体が3つの部分からできてい
る。

②（　　　）ホウセンカはヒマワリとちがい，体が1つの部分だけでできている。

(5) ヒマワリのように，㋐，㋑，㋒がある植物には○，ない植物には×をつけ
ましょう。

①ナズナ　　　　　　　　②エノコログサ

（　　　）　　　　　　　　（　　　）

8 モンシロチョウの育ち方①

月　日
かかった時間
分

● モンシロチョウの育ち方について，言葉や図をなぞりましょう。

たまごやよう虫の育ち

モンシロチョウは，キャベツの葉などに黄色い たまご を産む。やがて，

たまごから よう虫 が出てくる。よう虫は 葉 を食べ，

何回か 皮 をぬいで，大きくなっていく。

たまご
（1mm
くらい）

よう虫

よう虫のかい方(例)

ふたにあなを
あける。

えさは毎日
とりかえる。

しめらせたろ紙やティッシュペーパー
を入れておく。
よう虫を動かすときは，葉などに
のせて動かす。

チャレンジ！

たまごやよう虫を黒くぬって，
じっさいの大きさをたしかめよう。

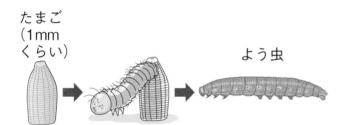

たまご
（1mmくらい）

1回皮を
ぬいだ
よう虫
（1cmくらい）

2回皮を
ぬいだ
よう虫
（1cm5mmくらい）

3回皮を
ぬいだ
よう虫
（2cmくらい）

4回皮を
ぬいだ
よう虫
（3cmくらい）

皮をぬいで大きくなるたびに，食べる
葉の量や，ふんの量がふえるよ。

だっ皮

皮をぬぐことをだっ皮という。モンシロチョ
ウのよう虫は，4回だっ皮をする。

15

1 右の図のような，モンシロチョウのたまごを見つけました。

次の問いに答えましょう。

(1) たまごを見つけたところとして正しいものに，○をつけ

ましょう。

① (　　) サクラの木のえだ

② (　　) キャベツの葉のうら

③ (　　) 池の水の中

(2) たまごの大きさはどのくらいですか。正しいものに○をつけましょう。

① (　　) 1mm　　　　② (　　) 1cm　　　　③ (　　) 10cm

2 右の図のように，モンシロチョウの㋐をよう器に入

れてかいます。次の問いに答えましょう。

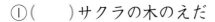

(1) ㋐を何といいますか。(　　　　　　　　　　)

(2) ㋐のかい方で，正しいものに○，まちがっている

ものに×をつけましょう。

① (　　) よう器のふたには，あなをあけておく。

② (　　) えさがすべてなくなってから，新しいえさを入れる。

③ (　　) ㋐を動かすときは，指で㋐をつまむ。

④ (　　) よう器には，しめらせたろ紙やティッシュペーパーを入れておく。

(3) ㋐のえさは何がよいですか。正しいものに○をつけましょう。

① (　　) キャベツの葉　　② (　　) 花のみつ　　③ (　　) 小さな虫

(4) ㋐が大きくなるときは，何をぬぎますか。　　(　　　　　　　　)

(5) ㋐の体が大きくなるたびに，食べるえさの量はどうなりますか。

(　　　　　　　　　　)

「できる!!がふえる↑ドリル」をお買い上げいただき、ありがとうございました。今後のよりよい本づくりのため、裏にありますアンケートにお答えください。

アンケートにご協力くださった方の中から、抽選で（年2回）、図書カード1000円分をさしあげます。（当選者の発表は賞品の発送をもってかえさせていただきます。）なお、このアンケートで得た情報は、ほかのことには使用いたしません。

《はがきで送られる方》
① 左のはがきの下のらんに、お名前など必要事項をお書きください。
② 裏にあるアンケートの回答を、右にある回答記入らんにお書きください。
③ 点線にそってはがきを切り離し、お手数ですが、左上に切手をはって、ポストに投函してください。

《インターネットで送られる方》
文理のホームページよりアンケートのページにお進みいただき、ご回答ください。

https://portal.bunri.jp/questionnaire.html

---✂はがきで送られる方はこの線を切り取ってください。---

郵便はがき

1 4 1 8 4 2 6

おそれいりますが、切手をおはりください。

東京都品川区西五反田2-11-8
（株）文理
「できる!!がふえる↑ドリル」
アンケート係

ご住所	〒　　　都道府県　　　市区郡
	電話　　　　−　　　　−
お名前	フリガナ
	男・女　学年　　　年

お買上げ月	年　月	学習塾に □通っている □通っていない
スマートフォンを □持っている □持っていない		

*ご住所は町名・番地までお書きください。

アンケート

次のアンケートにお答えください。回答は右のらんのあてはまる□をぬってください。

] 今回お買い上げになったドリルは何ですか。

① 漢字 ② 文章読解 ③ ローマ字 ④ 計算
⑤ たし算，ひき算，かけ算九九等の分野別の計算
⑥ 文章題 ⑦ 数・量・図形 ⑧ 社会 ⑨ 英語
⑩ 理科

] この本をお選びになったのはどなたですか。

① お子様 ② 保護者様 ③ その他

] この本を選ばれた決め手は何ですか。（複数可）

① 内容・レベルがちょうどよいので。
② 説明がわかりやすいので。
③ カラーで見やすく，わかりやすいので。
④ イラストが楽しく，わかりやすいので。
⑤ 以前に使用してよかったので。
⑥ 付録がついているので。
⑦ その他

] どのような使い方をされていますか。（複数可）

① おもに授業の先取り学習に使用。
② おもに授業の復習に使用。
③ おもに前学年の復習に使用。
④ 小学校入学に備えて。
⑤ その他

] どなたといっしょに使用されていますか。

① お子様が一人で使用。
② 保護者様とごいっしょに使用。
③ 答え合わせだけ，保護者様と使用。
④ その他

] 内容はいかがでしたか。

① わかりやすい。 ② ややわかりにくい。
③ わかりにくい。 ④ その他

] 問題の量はいかがでしたか。

① ちょうどよい。 ② 多い。 ③ 少ない。

[8] 問題のレベルはいかがでしたか。

① ちょうどよい。 ② 難しい。 ③ やさしい。

[9] ページ数はいかがでしたか。

① ちょうどよい。 ② 多い。 ③ 少ない。

[10]「答えとてびき」はいかがでしたか。

① わかりやすい。 ② ふつう。
③ もっとくわしく。

[11] 表紙デザインはいかがでしたか。

① よい。 ② ふつう。 ③ あまりよくない。

[12] カラーの誌面デザインはいかがでしたか。

① よい。 ② ふつう。 ③ あまりよくない。

[13] 付録のシールはいかがでしたか。(1，2年のみ)

① よい。 ② ふつう。 ③ あまりよくない。

[14] 付録のボード（英語以外）や単語カード・CD（英語）はいかがでしたか。

① よい。 ② ふつう。 ③ あまりよくない。

[15] 文理の問題集で，使用したことがあるものがあれば教えてください。

① 教科書ワーク
② 教科書ドリル
③ トップクラス問題集
④ その他

[16]「できる !! がふえる♪ドリル」について，ご感想やご意見・ご要望等がございましたら教えてください。

[17] このドリルのほかに，お使いになっている参考書や問題集がございましたら，教えてください。また，どんな点がよかったかも教えてください。

アンケートの回答：記入らん

[1] □① □② □③ □④ □⑤ □⑥ □⑦ □⑧ □⑨ □⑩
[2] □① □② □③（ ）
[3] □① □② □③ □④ □⑤ □⑥ □⑦（ ）
[4] □① □② □③ □④ □⑤（ ）
[5] □① □② □③ □④（ ）
[6] □① □② □③ □④（ ）
[7] □① □② □③
[8] □① □② □③
[9] □① □② □③
[10] □① □② □③
[11] □① □② □③
[12] □① □② □③
[13] □① □② □③
[14] □① □② □③
[15] □① □② □③ □④（ ）
[16]
[17]

ご協力ありがとうございました。できる !! がふえる♪ドリル＊

9 モンシロチョウの育ち方②

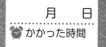
月　日
かかった時間
分

モンシロチョウの育ち方について，言葉や図をなぞりましょう。

さなぎから成虫へ

モンシロチョウのよう虫が大きくなると，　さなぎ　になる。さなぎのと

きはほとんど動かず，何も　食べない　。また，さなぎの間，大きさや

形　は変わらないが，色は少し変わる。

さなぎになってから2週間く

らいたつと，　成虫　が出

てくる。

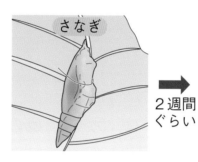
さなぎ

2週間
ぐらい

成虫

チャレンジ！

よう虫と成虫の形をなぞってくらべよう。

たまご

よう虫

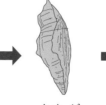
さなぎ

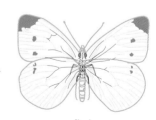
成虫

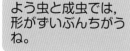
よう虫と成虫では，
形がずいぶんちがう
ね。

モンシロチョウの食べ物

よう虫から成虫になると，色や形だけでなく，
食べ物も変わる。
よう虫はキャベツの葉などを食べるが，成虫
は花のみつをすう。

17

[1] モンシロチョウの育つようすについて，あとの問いに答えましょう。

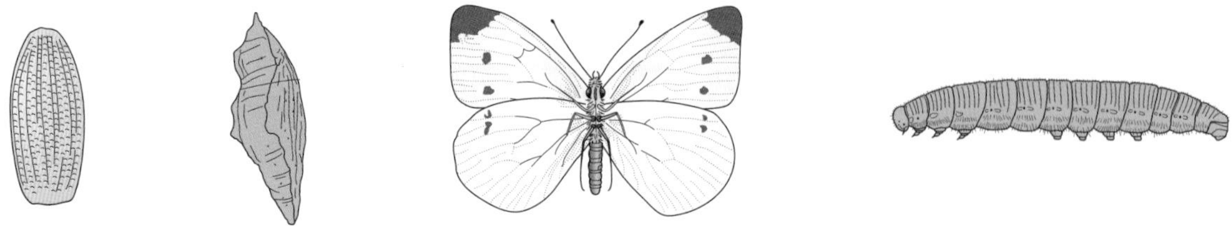

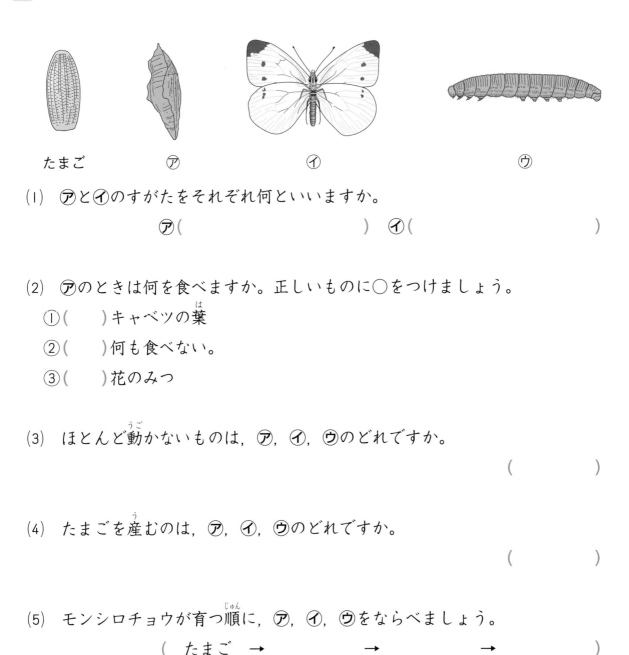

たまご　　㋐　　㋑　　㋒

(1)　㋐と㋑のすがたをそれぞれ何といいますか。

㋐(　　　　　　　　)　㋑(　　　　　　　　)

(2)　㋐のときは何を食べますか。正しいものに○をつけましょう。

①(　　)キャベツの葉

②(　　)何も食べない。

③(　　)花のみつ

(3)　ほとんど動かないものは，㋐，㋑，㋒のどれですか。

(　　　　)

(4)　たまごを産むのは，㋐，㋑，㋒のどれですか。

(　　　　)

(5)　モンシロチョウが育つ順に，㋐，㋑，㋒をならべましょう。

(　たまご　→　　　　→　　　　→　　　　)

(6)　(5)のようにモンシロチョウが育つ間について，正しいものに○をつけましょう。

①(　　)形が大きく変わる。

②(　　)形は変わらず，大きさだけ大きくなる。

ヒント　[1](2)㋒はよう虫で，キャベツなどの葉を食べます。

チョウのなかまの育ち方

🔵 アゲハの育ち方について，言葉や図をなぞりましょう。

アゲハの育ち

アゲハは，　たまご　→　よう虫　→　さなぎ　→

成虫　の順に育つ。

これは，モンシロチョウの育ち方と　同じ　である。

チャレンジ！

アゲハが育つ順に，矢印をなぞろう。

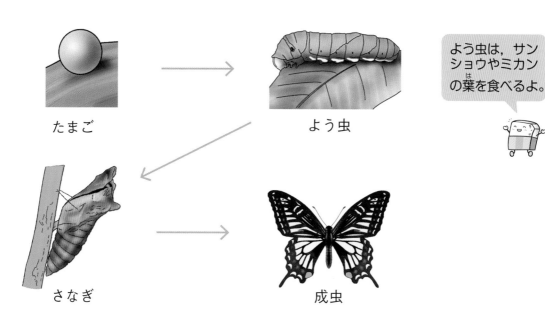

たまご　　　　　　　　　　よう虫

よう虫は，サンショウやミカンの葉を食べるよ。

さなぎ　　　　　　　　成虫

育つ順じょはモンシロチョウと同じだね。

アゲハの食べ物

アゲハのたまごは，サンショウやミカンの葉に産みつけられる。これらは，たまごからかえったよう虫の食べ物になる。

1 アゲハを育てて観察し，カードにまとめました。あとの問いに答えましょう。

たまご 1mmくらい	㋐ 4cmくらい	㋑ 10cmくらい	㋒ 3cmくらい
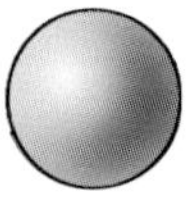	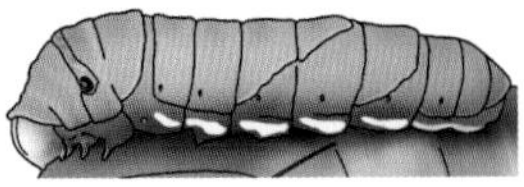		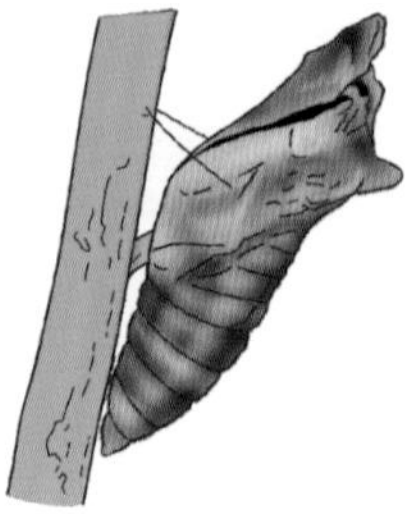

(1) ㋐，㋑，㋒のすがたをそれぞれ何といいますか。

㋐(　　　　　　　　)　㋑(　　　　　　　　)

㋒(　　　　　　　　)

(2) ㋐のときは何を食べますか。正しいものに○をつけましょう。

①(　　)ミカンの葉　②(　　)何も食べない。

③(　　)花のみつ

(3) ㋑の食べ物について，正しいものに○をつけましょう。

①(　　)㋐のときと同じものを食べる。

②(　　)㋐のときとちがうものを食べる。

(4) ほとんど動かないものは，㋐，㋑，㋒のどれですか。　(　　　　)

(5) アゲハが育つ順に，㋐，㋑，㋒をならべましょう。

(　たまご　→　　　　→　　　　→　　　　)

(6) アゲハの育ち方について，正しいものに○をつけましょう。

①(　　)(5)で答えた順は，モンシロチョウが育つ順と同じである。

②(　　)(5)で答えた順は，モンシロチョウが育つ順とはちがう。

ヒント　1(2)アゲハのたまごは，ミカンなどの葉に産みつけられます。

●チョウの体のつくりについて，言葉や図をなぞりましょう。

モンシロチョウの体のつくり

モンシロチョウの体は，|頭|，|むね|，|はら| の3つの部分から

できている。むねに |6| 本の |あし| がある。このような体のつくりの

虫を |こん虫| という。

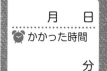

モンシロチョウには，はねが4まい，あしが6本あるよ。

チャレンジ！
図のあしとはねをなぞろう。

頭
むね
はら

あしやはらにはふしがあって，曲がるようになっているよ。

　モンシロチョウの頭には，目，口，しょっ角がある。

　口は，ふだんは丸まっていて，みつをすうときにのびる。

　しょっ角は，まわりのようすを知るために役に立っている。

|しょっ角|

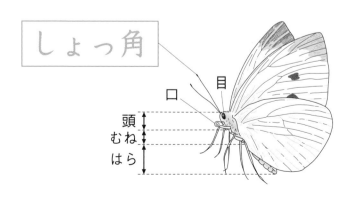

口
目
頭
むね
はら

21

1 右の図はモンシロチョウの体
のつくりです。ただし，あしは
かかれていません。次の問いに
答えましょう。

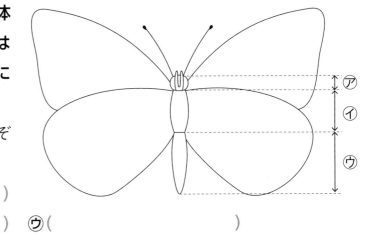

(1) ㋐，㋑，㋒の部分をそれぞ
れ何といいますか。

㋐（　　　　　　　　　　）

㋑（　　　　　　　　　　）　㋒（　　　　　　　　　　）

(2) モンシロチョウのあしがついている部分は，㋐，㋑，㋒のどこですか。

（　　　　　　　　）

(3) モンシロチョウのあしは，何本ありますか。

（　　　　　　　　）

(4) モンシロチョウのように，体が㋐，㋑，㋒の３つの部分からできていて，
モンシロチョウと同じ本数のあしがある虫を，何といいますか。

（　　　　　　　　）

(5) モンシロチョウの体のつくりについて，正しいものに○，まちがっている
ものに×をつけましょう。

①（　　　）目と口は，㋐の部分についている。

②（　　　）口は，みつをすうときにのびる。

③（　　　）しょっ角は，㋑の部分についている。

④（　　　）しょっ角は，まわりのようすを知るために役に立っている。

⑤（　　　）㋒の部分は，曲がることができない。

ヒント　**1**(5)モンシロチョウのあしやはらには，ふしがあります。ふしのところで曲がります。

12 こん虫の体のつくり

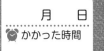

月　日
⏰ かかった時間
分

● こん虫の体のつくりについて，言葉や図をなぞりましょう。

こん虫の体のつくり

こん虫の成虫の体は，　頭　，　むね　，　はら　の3つに分かれてい

て，むねに　6　本の　あし　がある。これは，モンシロチョウの体のつ

くりと　同じ　である。

チャレンジ！
こん虫の体の分かれ方を表す線をなぞろう。

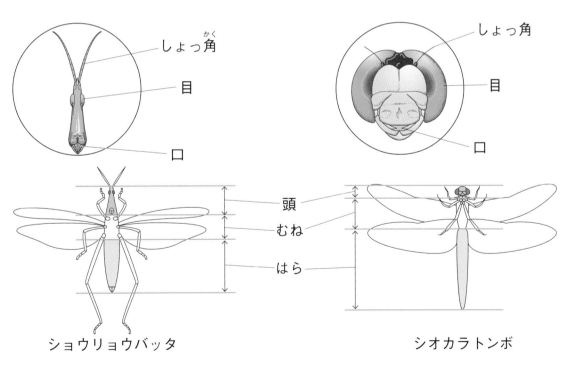

しょっ角

目

口

しょっ角

目

口

頭

むね

はら

ショウリョウバッタ

シオカラトンボ

頭には目や口，
しょっ角があるよ。

はねは，むねに
ついているね。

23

[1] チョウとトンボの体の分かれ方をくらべました。あとの問いに答えましょう。

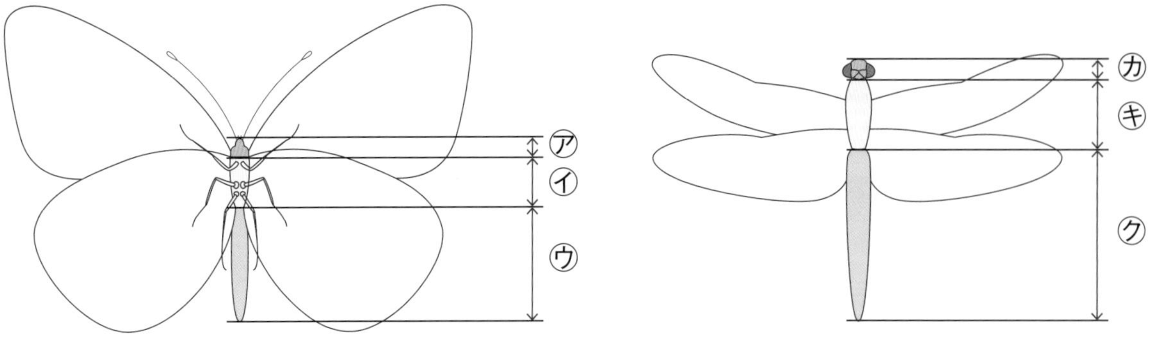

(1) チョウの㋐，㋑，㋒にあたる部分(ぶぶん)は，トンボの㋕，㋖，㋗のそれぞれどこですか。

㋐(　　　　　)　㋑(　　　　　)　㋒(　　　　　)

(2) トンボのあしがついている部分は，㋕，㋖，㋗のどこですか。

(　　　　　)

(3) (2)で選(えら)んだ，トンボのあしがついている部分を何といいますか。

(　　　　　　　　)

(4) トンボのしょっ角(かく)がある部分は，㋕，㋖，㋗のどこですか。

(　　　　　)

(5) チョウとトンボで，同じものには○，ちがうものには×をつけましょう。

①(　　)体の分かれ方　②(　　)あしの数

③(　　)はねの数　④(　　)口の形

(6) チョウやトンボと同じ体のつくりをしている虫のなかまを何といいますか。

(　　　　　　　　)

ヒント　[1](4)トンボのしょっ角は，頭(あたま)にあります。

こん虫とこん虫でない虫

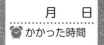
🔵 いろいろな虫について，言葉や図をなぞりましょう。

こん虫でない虫

　ダンゴムシは，体が3つに分かれていて，あしが たくさん ある。

クモは，体が 2 つに分かれていて，あしが8本ある。このように，ダンゴ

ムシやクモは，こん虫とは体のつくりが ちがう 。

チャレンジ！
チョウ，ダンゴムシ，クモのあしをなぞろう。

チョウ

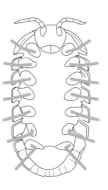

ダンゴムシ

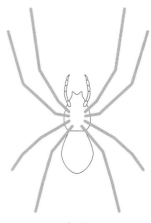

クモ

あしは，チョウは6本，ダンゴムシは14本，クモは8本あるよ。

チョウとクモは，体の分かれ方がちがうね。

25

1 チョウ，ダンゴムシ，クモ，バッタの体をくらべました。あとの問いに答えましょう。

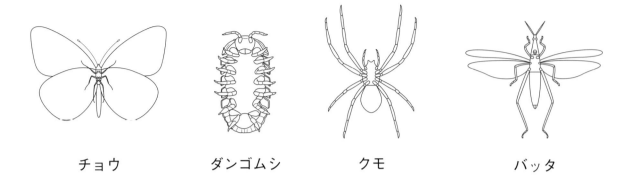

| チョウ | ダンゴムシ | クモ | バッタ |

(1) ダンゴムシとチョウのあしの数について，正しいものに〇をつけましょう。

①（　　　）ダンゴムシとチョウは，あしの数が同じ。

②（　　　）ダンゴムシとチョウは，あしの数がちがう。

(2) クモとバッタの体の分かれ方について，正しいものに〇をつけましょう。

①（　　　）クモとバッタは，体の分かれ方が同じ。

②（　　　）クモとバッタは，体の分かれ方がちがう。

(3) 次の虫を，こん虫とこん虫でない虫に分けましょう。

> チョウ　　　ダンゴムシ　　　クモ　　　バッタ

こん虫（　　　　　　　　　　　　　　　　　　　　　　　　　　　）
こん虫でない虫（　　　　　　　　　　　　　　　　　　　　　　　）

(4) 図のような虫について，正しいものに〇をつけましょう。

①（　　　）すべてこん虫のなかまである。

②（　　　）すべてこん虫のなかまではない。

③（　　　）こん虫のなかまと，こん虫でないなかまがある。

ヒント　　　1(3)こん虫は，体が3つに分かれ，むねに6本のあしがあります。

こん虫の育ち方①

かかった時間
分

● こん虫の育ち方について，言葉や図をなぞりましょう。

トンボの育ち方

トンボは， たまご → よう虫 → 成虫 の順に育つ。

さなぎ にはならない。

チョウとトンボで，同じすがたを線でつなごう。

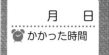
チョウもトンボも，よう虫は
皮をぬいで大きくなるよ。

モンシロ
チョウ

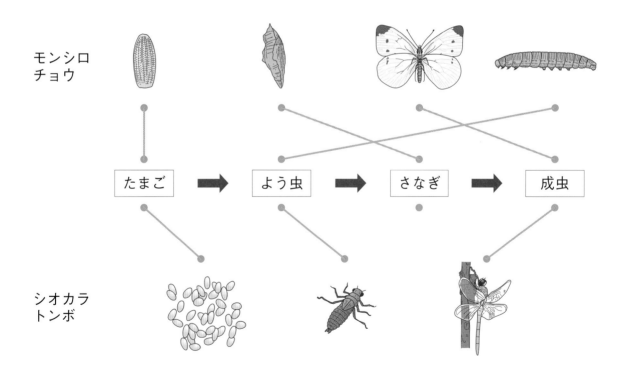

たまご ➡ よう虫 ➡ さなぎ ➡ 成虫

シオカラ
トンボ

トンボのたまごは水中や
水の近くにあるよ。
よう虫は水中ですごすよ。

こん虫の育ち方
よう虫がさなぎになってから成虫になることを
完全へんたいという。よう虫がさなぎにならず
に成虫になることを不完全へんたいという。

27

1 シオカラトンボの育ち方を調べました。あとの問いに答えましょう。

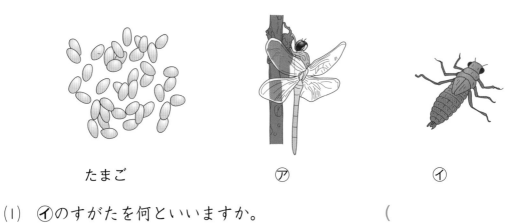

たまご   ㋐   ㋑

(1) ㋑のすがたを何といいますか。   (   )

(2) ㋑はどこでくらしますか。正しいものに○をつけましょう。

①(   )土の中   ②(   )水の中   ③(   )草むら

(3) ㋑が大きくなるときのようすで，正しいもの2つに○をつけましょう。

①(   )皮をぬいで大きくなる。

②(   )皮をぬがずに大きくなる。

③(   )動いてえさを食べる。

④(   )動かずにえさを食べない。

(4) シオカラトンボが育つ順に，㋐と㋑をならべましょう。

(たまご   →   →   )

(5) (4)で答えたシオカラトンボの育つ順は，モンシロチョウの育つ順とちがいます。どのような点がちがいますか。

(   )

(6) こん虫の育ち方で，正しいものに○をつけましょう。

①(   )すべてのこん虫は，よう虫の後にさなぎになる。

②(   )さなぎになるこん虫と，さなぎにならないこん虫がある。

ヒント   **1**(5)チョウは，たまご→よう虫→さなぎ→成虫の順に育ちます。

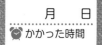

●こん虫の育ち方について，言葉や図をなぞりましょう。

こん虫の育ち方

チョウやカブトムシは，たまご→ | よう虫 | → | さなぎ | →

| 成虫 | の順に育つ。

トンボやバッタ，セミは，たまご→ | よう虫 | → | 成虫 | の順に育つ。

チャレンジ！
線でかこって，さなぎになるこん虫とさなぎにならないこん虫を分けよう。

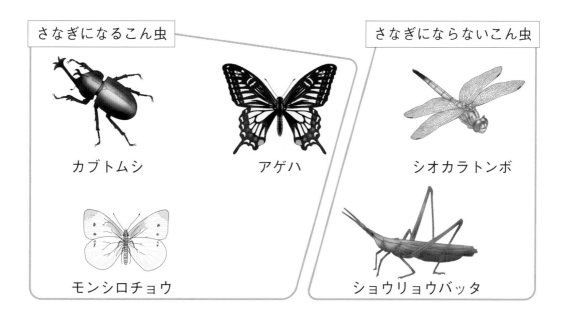

さなぎになるこん虫

カブトムシ　　　アゲハ

モンシロチョウ

さなぎにならないこん虫

シオカラトンボ

ショウリョウバッタ

 さなぎになるこん虫と，さなぎにならないこん虫がいるよ。

 さなぎのときはほとんど動かずに，何も食べないよ。

1 図は，いろいろなこん虫の成虫です。あとの問いに答えましょう。

㋐

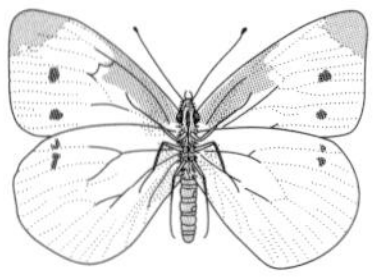

㋑

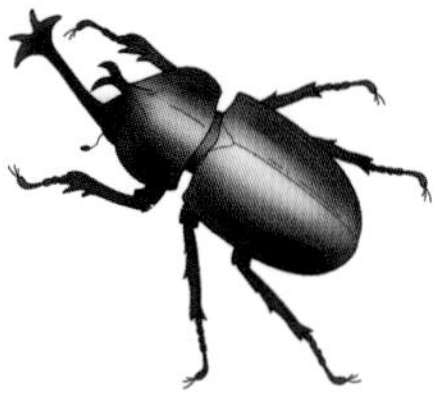

㋒

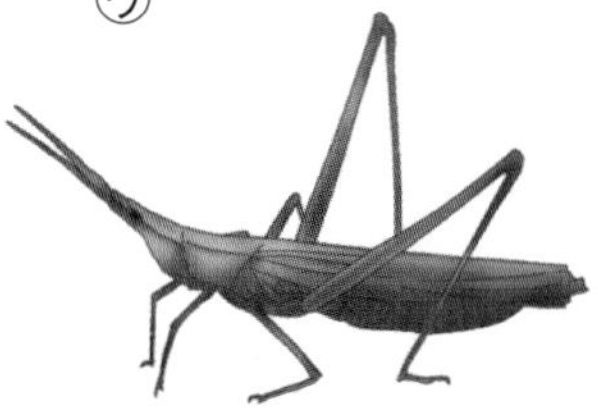

㋓

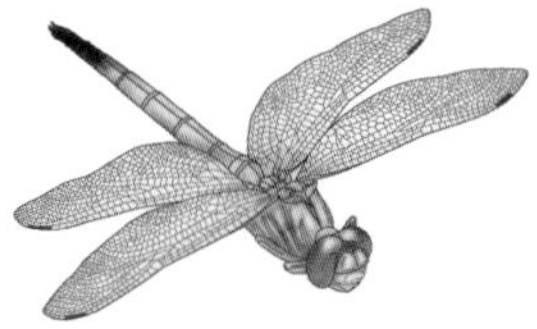

(1)　①～④は，どのこん虫のよう虫ですか。㋐，㋑，㋒，㋓からそれぞれ選びましょう。

①(　　　　)　②(　　　　)　③(　　　　)　④(　　　　)

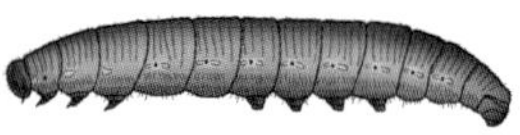

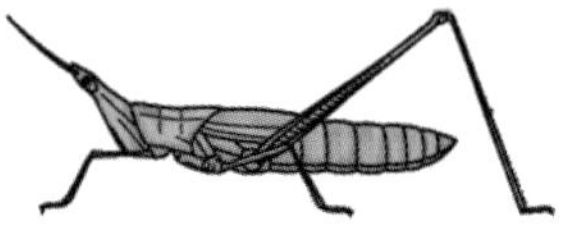

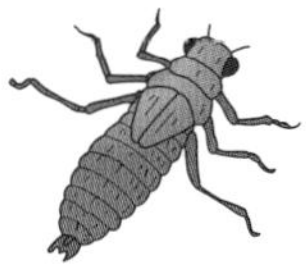

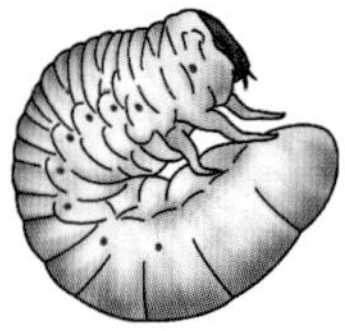

(2)　モンシロチョウが育つ順として，正しいものに○をつけましょう。

①(　　)たまご→よう虫→成虫→さなぎ

②(　　)たまご→よう虫→さなぎ→成虫

③(　　)たまご→さなぎ→よう虫→成虫

(3)　モンシロチョウと同じように，(2)で選んだ順に育つこん虫を，㋑，㋒，㋓から選びましょう。

(　　　　)

(4)　(3)で選んでいないこん虫は，モンシロチョウと育ち方がどのようにちがいますか。

(　　　　　　　　　　　　　　　　)

ヒント　1(1)①はモンシロチョウ，②はショウリョウバッタ，③はシオカラトンボ，④はカブトムシのよう虫です。

16 動物のすみかやようす

月　日
かかった時間
分

動物のすみかやようすについて，言葉や図をなぞりましょう。

動物のすみか

こん虫などの動物は，| 食べ物 | があるところや，| かくれる | ことができるところをすみかにしている。こん虫などの動物は，まわりの植物などの | しぜん | とかかわり合って生きている。

チャレンジ！

動物とすみかを線でつなごう。

ショウリョウバッタは，体の色が草の色とにているね。

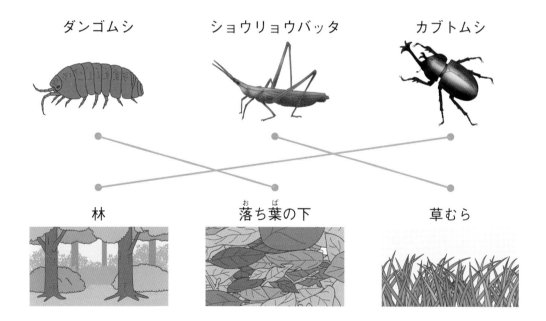

ダンゴムシ　　ショウリョウバッタ　　カブトムシ

林　　落ち葉の下　　草むら

ショウリョウバッタは草，カブトムシは木のしるを食べ物にしているよ。

かんきょう

動物のまわりにある植物，水，空気などをまとめてかんきょうという。

1 図のように，いろいろな虫の食べ物や，よく見られる場所をまとめます。あ
との問いに答えましょう。

	アゲハ	ダンゴムシ	カブトムシ	ショウリョウ バッタ
食べ物	①	落ち葉	木のしる	②
よく見られる 場所	花だん	③	④	草むら

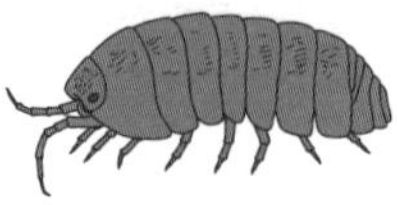

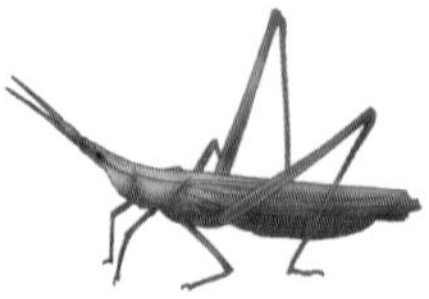

(1) 表の①，②にあてはまるものを， ▢ からそれぞれ選びましょう。

> 木のしる　　草　　小さな虫　　花のみつ

①(　　　　　　　　　) ②(　　　　　　　　　)

(2) 表の③，④にあてはまるものを， ▢ からそれぞれ選びましょう。

> 落ち葉の下　　林　　すな場　　池の中

③(　　　　　　　　　) ④(　　　　　　　　　)

(3) ショウリョウバッタが草むらでよく見られるのはなぜですか。正しいもの
2つに○をつけましょう。

①(　　) ショウリョウバッタの食べ物がたくさんあるから。
②(　　) ショウリョウバッタは草の上にたまごを産むから。
③(　　) ショウリョウバッタを食べる動物がたくさんいるから。
④(　　) ショウリョウバッタがかくれるところがあるから。

(4) 虫のくらしについて，正しいものに○をつけましょう。

①(　　) 虫のくらしと，まわりのしぜんには関係がある。
②(　　) 虫のくらしと，まわりのしぜんには関係がない。

ヒント **1**(3)ショウリョウバッタの体の色は，草の色とにているので，草むらではほかの動物
から見つかりにくくなります。

32

 月　日
かかった時間
分

17 花や葉のようす

● 花や葉のようすについて，言葉や図をなぞりましょう。

【 花や葉のようす 】

葉がふえた後は，　つぼみ　ができて，　花　がさく。花は，やがてし

おれる。

ホウセンカ

つぼみ

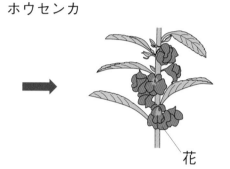

花

チャレンジ！

植物の高さ(草たけ)の変化をまとめたグラフをぬりつぶそう。

ホウセンカの高さ

4/22	1cm
4/28	2cm
6/8	16cm
7/10	39cm

春から夏にかけて，
高さは高くなり，
くきは太くなり，
葉の数はふえるよ。

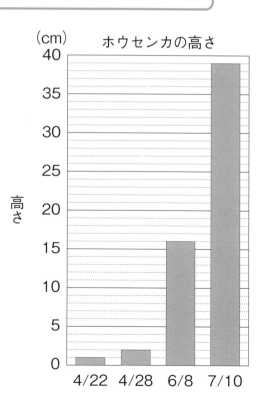

ホウセンカの高さ

33

1 図のように，ヒマワリとホウセンカの育ちをまとめます。あとの問いに答えましょう。

	つぼみ	花	高さ	
			6月8日	7月10日
ヒマワリ	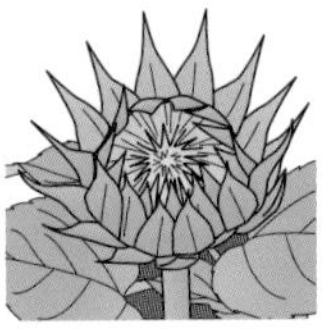	㋐	18cm	148cm
ホウセンカ	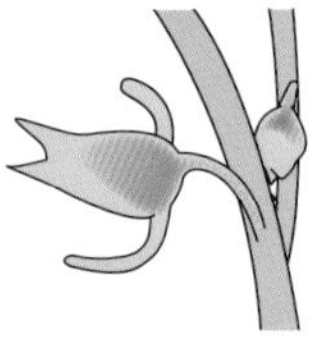	㋑	16cm	42cm

(1)　つぼみができるのは，花がさく前と花がさいた後のどちらですか。

（　　　　　　　　　　）

(2)　次の①，②の花は，図の㋐と㋑のどちらにあてはまりますか。

①（　　　　）　　②（　　　　）

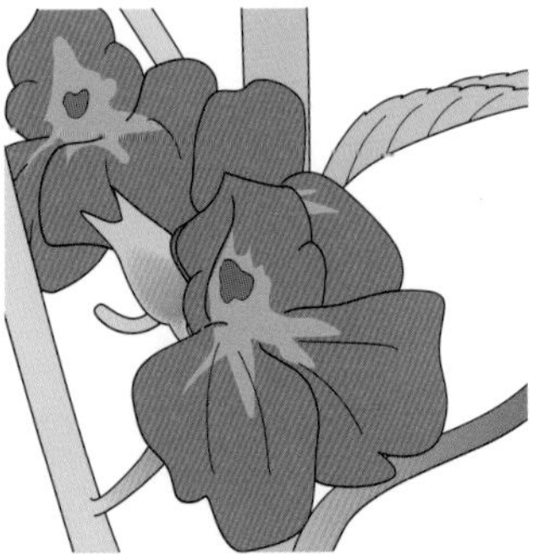

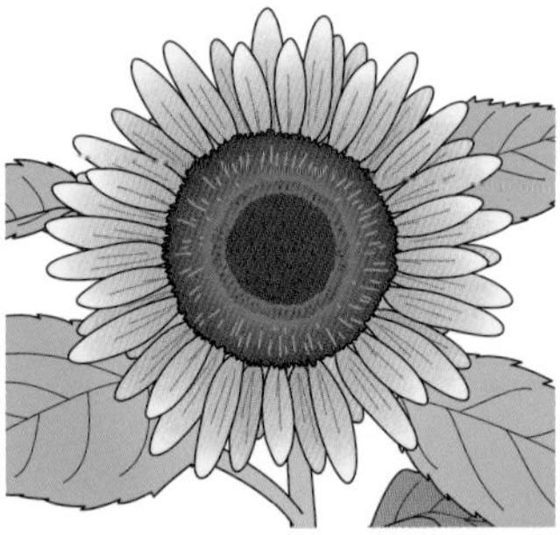

(3)　7月10日に高さが高いのは，ヒマワリとホウセンカのどちらですか。

（　　　　　　　　　　）

(4)　7月10日は6月8日にくらべて，ヒマワリの葉の数はどうなったと考えられますか。

（　　　　　　　　　　）

ヒント　1(3)7月10日の高さは，ヒマワリは148cmで，ホウセンカは42cmです。

植物の一生

🔵植物の一生について，言葉や図をなぞりましょう。

植物の一生

花がさいた後に 実 ができ，実の中には たね ができる。

実ができた後，植物は かれる 。

たねは実の中に
できるよ。

チャレンジ！
植物の一生を表す矢印をなぞろう。

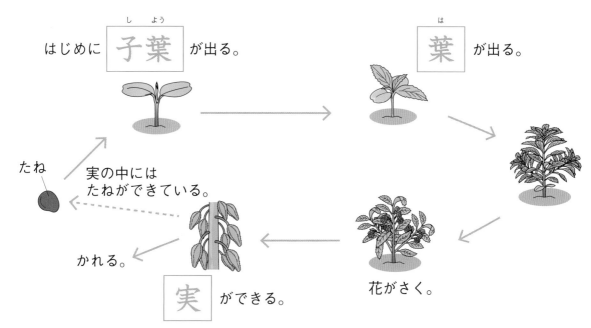

はじめに 子葉 が出る。

葉 が出る。

たね

実の中には
たねができている。

かれる。

実 ができる。

花がさく。

植物は，1つのたねから育って花がさき，
実ができた後にかれていくんだね。

実とたね

植物によっては，実とたねの区別が
わかりにくいものもある。

1 図のように，ホウセンカの一生をまとめました。あとの問いに答えましょう。

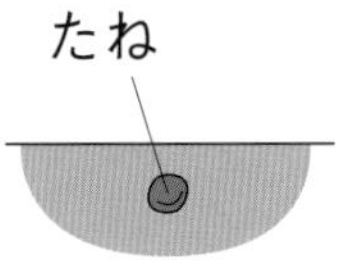

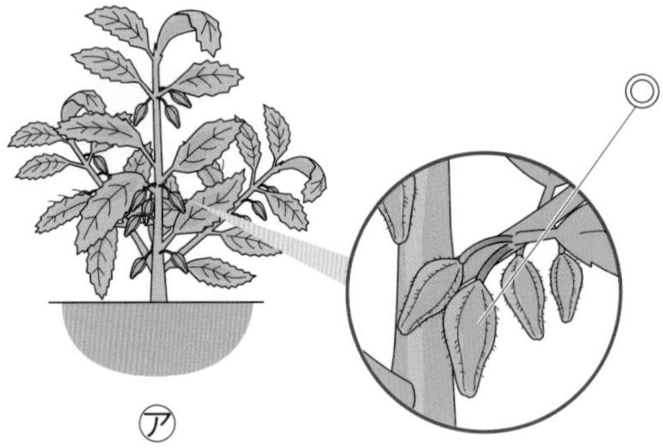

㋐

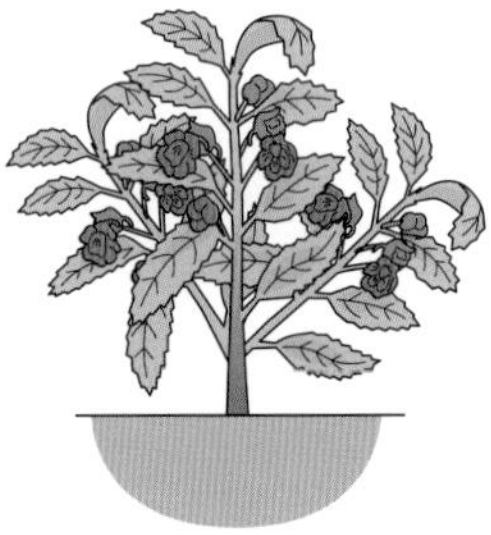

㋑

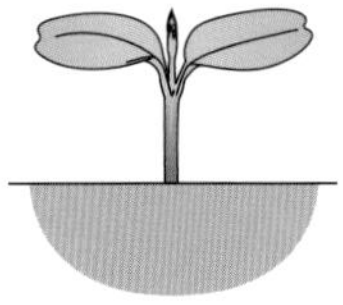

㋒

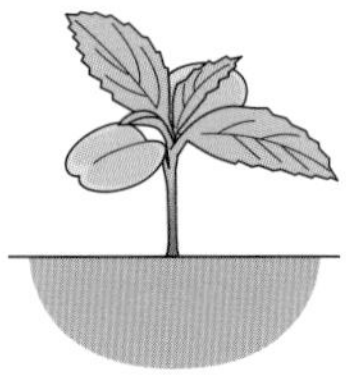

㋓

(1) たねから育つ順に，㋐，㋑，㋒，㋓をならべましょう。

（ たね → → → → ）

(2) ㋐にできている◎を何といいますか。（ ）

(3) ◎の中には，何がありますか。（ ）

(4) ◎ができた後，やがてホウセンカはどうなりますか。

（ ）

(5) ヒマワリが育つ順について，正しいものに○をつけましょう。

①（ ）ホウセンカと同じように，(1)で答えた順と同じ順で育つ。

②（ ）ホウセンカとちがい，(1)で答えた順とはちがう順で育つ。

ヒント 1 (1)たねから子葉が出て，葉がふえていき，花がさいた後に実ができます。

19 方位じしんの使い方

🔵 方位じしんの使い方について，言葉や図をなぞりましょう。

方位じしんの使い方

| 方位じしん | を使うと，東，西，南，北などの方位を調べることが

できる。はりの，色のついているほうは | 北 | をさして止まり，色のついていな

いほうは | 南 | をさして止まる。

チャレンジ！

方位じしんのはりの色がついているところを
ぬりつぶそう。

方位じしんを回しても，
はりの色のついている
ほうはいつも北をさし
ているよ。

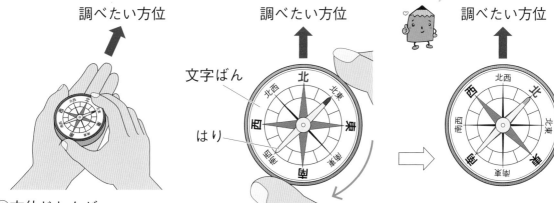

調べたい方位

調べたい方位

調べたい方位

文字ばん

はり

①方位じしんが，

| 水平 | になるように持つ。

②はりの色のついているほ
うが，文字ばんの「北」と
合うように，方位じしん
を回す。

③方位を調べる。

| 北西 |

方位じしんにじしゃくを近づけると，
はりが北と南をささなくなることが
あるよ。

方位じしんの極

はりの，北をさすほう（色のついてい
るほう）をN極といい，南をさすほう
（色のついていないほう）をS極という。

1 図1のように，太郎さんが学校のほうを向いて，方位じしんを持ちました。あとの問いに答えましょう。

図1

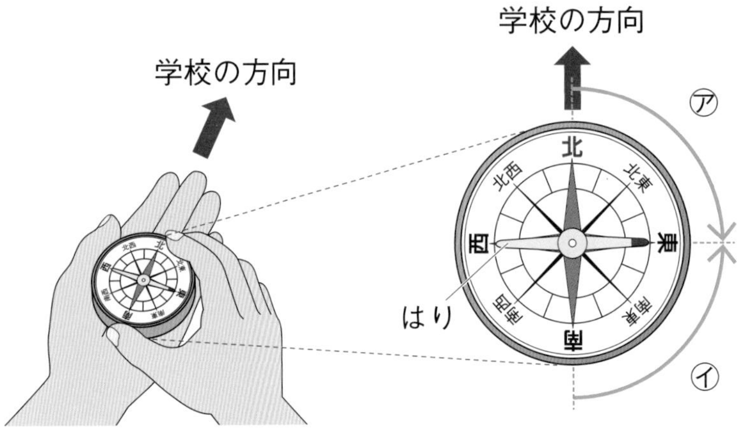

図2

(1) 方位じしんの持ち方で，正しいものに○をつけましょう。

①(　　)かたむけて持つ。

②(　　)水平に持つ。

(2) 方位じしんのはりの，色がついているほうがさすのは，東，西，南，北のどの方位ですか。

(　　　　　　)

(3) 方位の調べ方で，正しいものに○をつけましょう。

学校の方位を調べるには，方位じしんを図1の①(㋐　　㋑)のように回して，はりの色のついているほうと文字ばんの②(北　　南)を合わせて，図2のようにする。

(4) 図2から，太郎さんから見た学校の方位は，東，西，南，北のどれですか。

(　　　　　　)

(5) 方位じしんの近くに置いてはいけないものに，○をつけましょう。

①(　　)消しゴム　②(　　)じしゃく　③(　　)ガラス

ヒント 1 (2)はりの色がついていないほうは，南をさします。

20 かげのでき方

月　日
⏰ かかった時間
分

● かげのでき方について，言葉や図をなぞりましょう。

かげのでき方

太陽の光を ┃ 日光 ┃ という。日光をさえぎるものがあると，

かげが太陽と ┃ 反対 ┃ 側にできる。

日光でできるかげは，どれも ┃ 同じ ┃ 向きにできる。

太陽を観察するときは

┃ しゃ光板 ┃ （しゃ光プレート）を使って，

目をいためないようにする。

チャレンジ！
ぼうのかげをなぞろう。

かげは，太陽の反対側に
できるよ。

太陽

木

ぼう

木のかげの向きと，
ぼうのかげの向きは
同じだね。

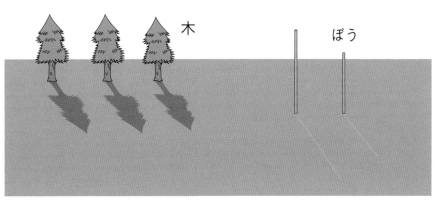

39

[1] 右の図は，太陽を観察するときに使う道具です。次の問いに答えましょう。

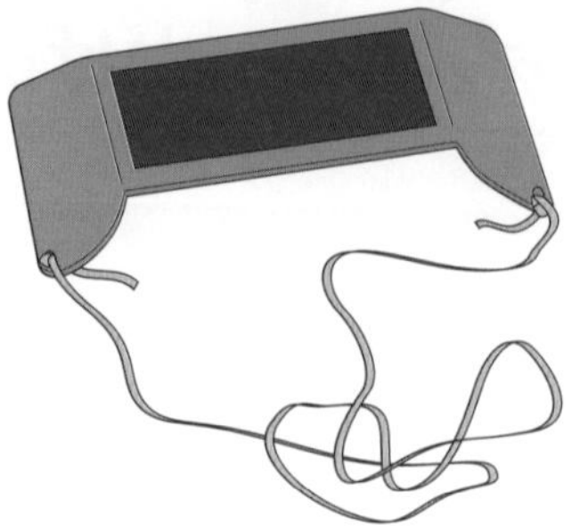

(1) 図の道具を何といいますか。

(　　　　　　　　　　　　)

(2) 図の道具を使う理由について，次の文の(　　)にあてはまる言葉を書きましょう。

太陽をちょくせつ見ると，(　　　　　　　　　　　　　　　　)から。

[2] 太郎さんと花子さんが校庭に立つと，太郎さんのかげは右の図のようにできました。次の問いに答えましょう。

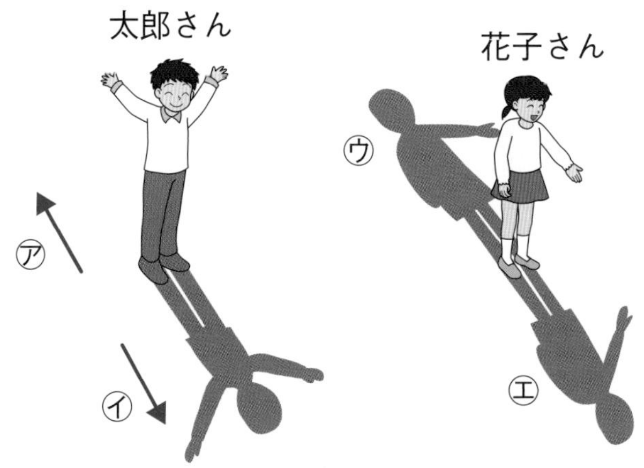

(1) 太陽がある方位は，㋐と㋑のどちらですか。

(　　　　)

(2) (1)のように考えた理由について，次の文の(　　)にあてはまる言葉を書きましょう。

かげは，太陽と(　　　　　　　　　　　　)側にできるから。

(3) 花子さんのかげは，㋒と㋓のどちらにできますか。(　　　　)

(4) 太郎さんのかげの向きと，花子さんのかげの向きは，同じですか，ちがいますか。

(　　　　　　　　　　)

ヒント [2](2)太郎さんの前にかげができたので，太郎さんのうしろに太陽があります。

21 時こくとかげ

●時こくとかげについて，言葉や図をなぞりましょう。

時こくとかげ

時間がたつと，かげの向きが　変わる　。

これは，太陽が　東　→　南　→　西　と動くからである。

チャレンジ！
太陽が動く向きの矢印をなぞろう。

太陽は東からのぼり，南を通って，西に動くよ。

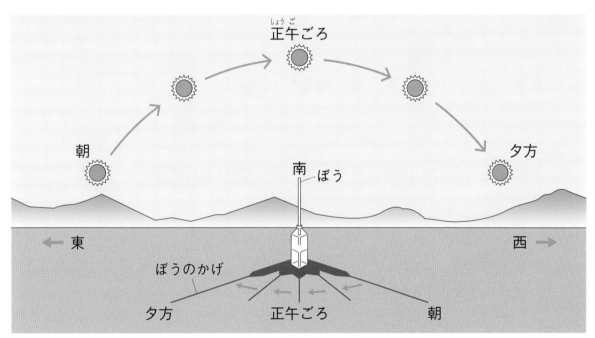

正午ごろ

朝

南　ぼう

← 東　　　　　　　西 →

ぼうのかげ

夕方　　　　正午ごろ　　　　朝

夕方

太陽の位置が変わるから，かげの位置も変わるんだね。

太陽の見かけの動き

じっさいには，太陽は動いていない。地球が回転しているため，太陽が動くように見える。

1 図のように，太陽とかげの位置を，午前9時ごろ，正午ごろ，午後3時ごろに調べました。あとの問いに答えましょう。

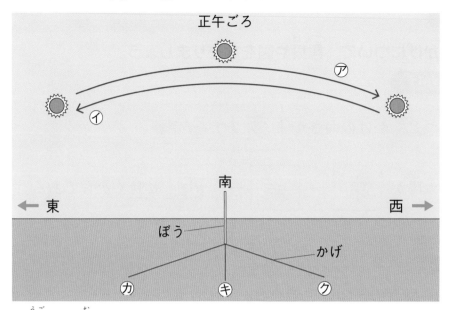

(1) 太陽が動いた向きは㋐と㋑のどちらですか。

（　　　　　）

(2) 太陽が動いた順に，東，西，南をならべましょう。

（　　　　　→　　　　　→　　　　　）

(3) 午前9時ごろのかげの位置は，㋕，㋖，㋗のどれですか。

（　　　　　）

(4) 午前9時ごろ，正午ごろ，午後3時ごろで，かげの位置はどうなりましたか。正しいものに○をつけましょう。

①（　　　）すべて同じだった。

②（　　　）すべてちがっていた。

(5) かげの位置が(4)のようになった理由を書きましょう。

（　　　　　　　　　　　　　　　　　　　　　　　　）

ヒント　1(3)かげは，太陽の反対側にできます。

🔵 温度計の使い方について，言葉や図をなぞりましょう。

温度計の使い方

ものの熱さや冷たさを表した値(数字)を | 温度 | という。温度計を使うと，

| えきだめ | にふれているものの温度を | 数字 | で表すことができる。

チャレンジ！
温度計のえきの部分をぬりつぶそう。

えきが動かなくなったら，目もりを

| 真横 | から読む。

えきの先が目もりと目もりの間にあるとき

は，| 近い | ほうの目もりを読む。

えきの先が目もりと目もりのちょうど真ん中にあるときは，

| 上のほう | の目もりを読む。

 えきだめをにぎってはいけないよ。

温度計に日光が当たらないようにしてはかるよ。

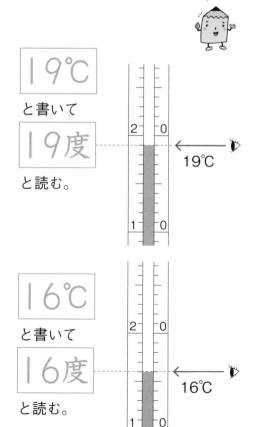

19℃ と書いて 19度 と読む。

16℃ と書いて 16度 と読む。

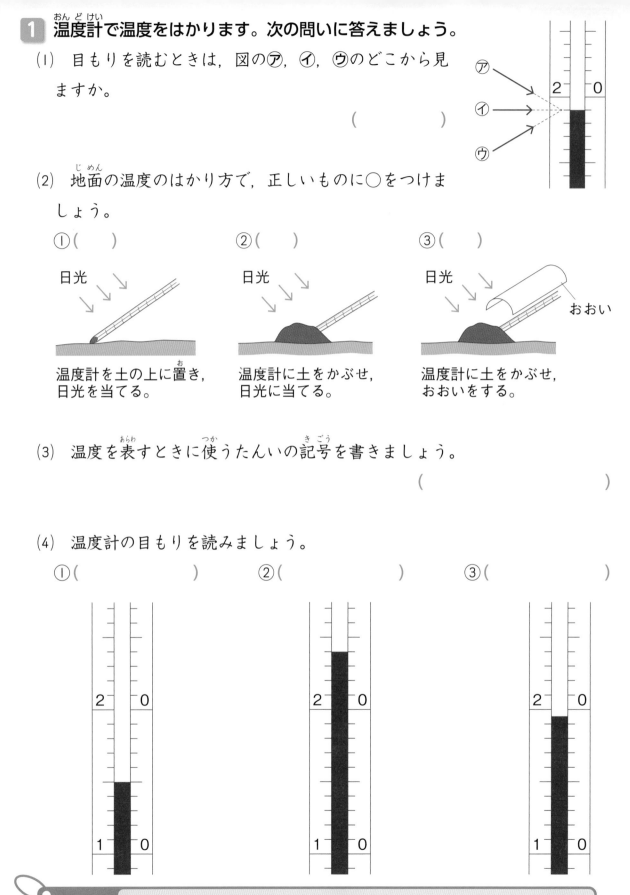

1 温度計(おんどけい)で温度をはかります。次の問いに答えましょう。

(1) 目もりを読むときは，図の㋐，㋑，㋒のどこから見ますか。

(　　　　　)

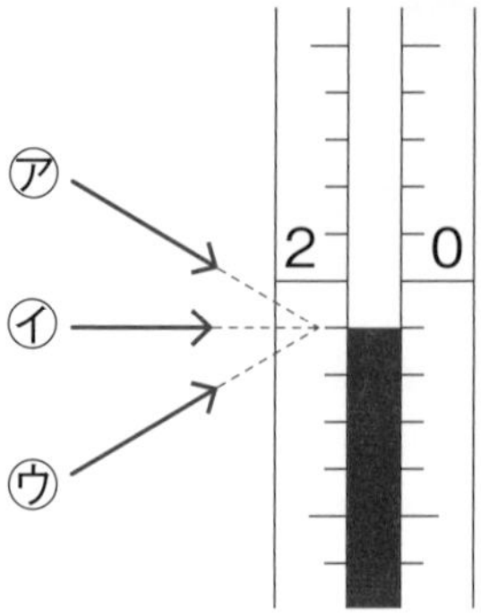

(2) 地面(じめん)の温度のはかり方で，正しいものに○をつけましょう。

①(　　)

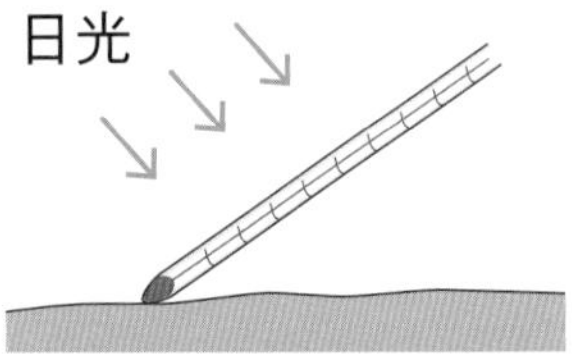

温度計を土の上に置(お)き，日光を当てる。

②(　　)

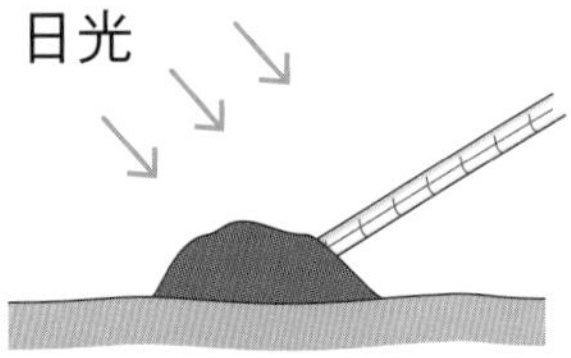

温度計に土をかぶせ，日光に当てる。

③(　　)

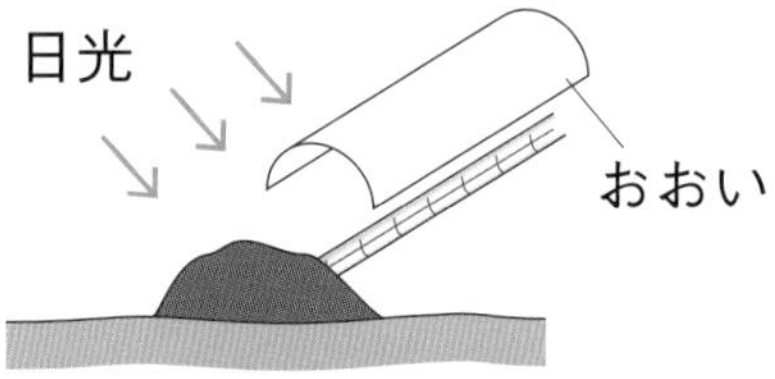

温度計に土をかぶせ，おおいをする。

(3) 温度を表(あらわ)すときに使(つか)うたんいの記号(きごう)を書きましょう。

(　　　　　　　　)

(4) 温度計の目もりを読みましょう。

①(　　　　　　)　②(　　　　　　)　③(　　　　　　)

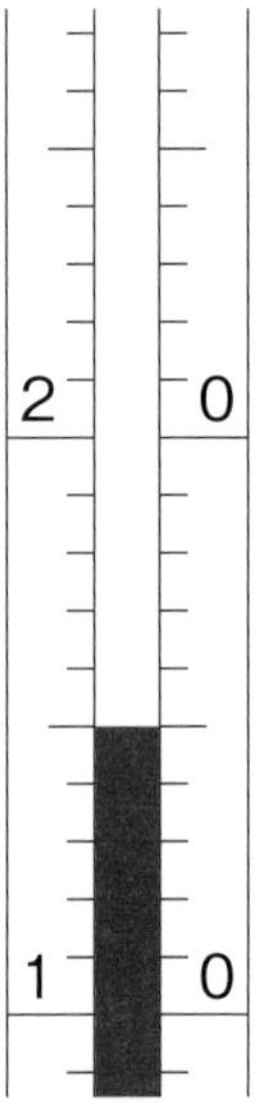

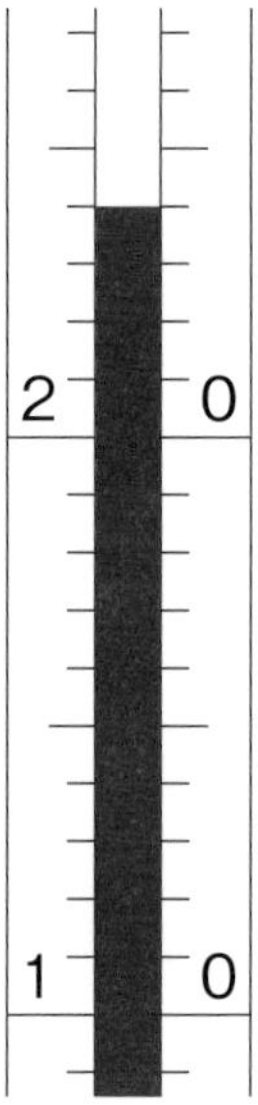

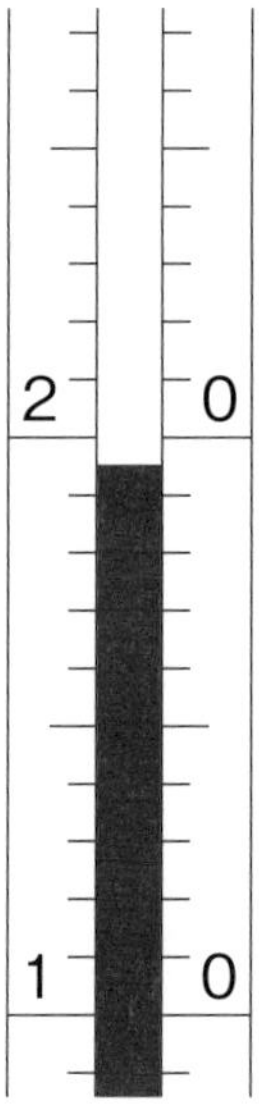

ヒント 1 (2)温度計に日光が当たらないようにします。

日なたと日かげの温度

● 日なたと日かげの温度について，言葉や図をなぞりましょう。

日なたと日かげの温度

地面の温度は，日かげよりも日なたのほうが　高く　なる。

これは，日なたには　太陽の光　（日光）が当たるためである。

日なたの地面の温度は，午前よりも正午のほうが　高く　なる。

チャレンジ！

地面の温度を表すグラフをぬりつぶそう。

日かげは午前9時と正午で，温度があまり変わらないね。

地面の温度

	午前9時	正午
日なた	19℃	25℃
日かげ	16℃	17℃

日かげよりも日なたのほうが，温度が高いね。

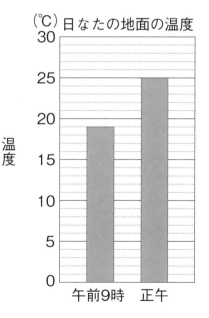

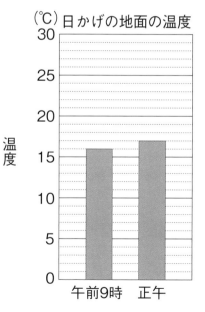

空気の温度

空気の温度を気温という。晴れた日の気温は，午後2時ごろにいちばん高くなる。

1 右の図のように，日なたと日かげ
の地面のあたたかさをくらべます。
次の問いに答えましょう。

日なた

日かげ

(1) 図のようにしたとき，土がかわ
いているのは，日なたと日かげの
どちらですか。

（　　　　　　　　　）

(2) 図のようにしたとき，日なたは日かげにくらべて，あたたかさはどのよう
にちがいますか。　　　　　　　　　（　　　　　　　　　　　　　　　　）

(3) (2)のように考えた理由について，次の文の（　　　）にあてはまる言葉を書き
ましょう。

> 日なたの地面には，（　　　　　　　　　　　　　　　　　）から。

2 午前9時と正午に，日なたと日かげの地面の温
度をはかって，表にまとめました。次の問いに答
えましょう。

	午前9時	正午
日なた	19℃	25℃
日かげ	16℃	17℃

(1) 午前9時から正午になると，日なたの地面の
温度はどうなりますか。

（　　　　　　　　　　　　　）

(2) 午前9時に地面の温度が高いのは，日なたと日かげのどちらですか。

（　　　　　　　　　　　　　）

(3) 正午に地面の温度が高いのは，日なたと日かげのどちらですか。

（　　　　　　　　　　　　　）

ヒント 　**2**(1)日なたの地面の温度は，午前9時は19℃で，正午は25℃です。

24 春の動物

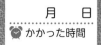

●春の動物について，言葉や図をなぞりましょう。

春の動物

春になると，気温や水温が 　高く　 なって，あたたかくなる。

春は冬にくらべて，野原で見られる動物の 　種類　 や数が 　多く　

なったり，動物の活動が 　さかん　 になったりする。

チャレンジ！

春の動物のようすと文を，線でつなごう。

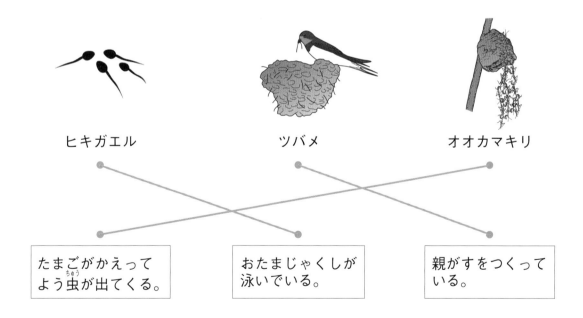

ヒキガエル　　　　　　　　ツバメ　　　　　　　　オオカマキリ

たまごがかえって
よう虫が出てくる。

おたまじゃくしが
泳いでいる。

親がすをつくって
いる。

春になってあたたか
くなると，冬に見ら
れなかった動物が見
られることがあるよ。

地いきと生き物

日本は南北に細長いため，同じ日でも北の地いきは
寒く，南の地いきはあたたかくなる。生き物のよう
すは，地いきによってもちがう。

1 春のころの動物のようすについて，次の問いに答えましょう。

(1) 冬から春になると，野原で見られる動物の種類と数は，それぞれどうなりますか。

種類（　　　　　　　　　　　　）　数（　　　　　　　　　　　　　　）

(2) 次の文の（　　）の中で，正しいものを○でかこみましょう。

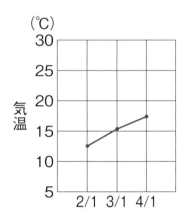
(℃)

右の図のように，冬から春になると，気温が①（　低く　　高く　）なる。このため，動物の活動が②（　さかんに　　にぶく　）なる。

(3) 春のころの動物のようすとして正しいものに，それぞれ○をつけましょう。

オオカマキリ

①（　　）　　　　②（　　）

たまごからよう虫がかえっている。

たまごを産んでいる。

ヒキガエル

①（　　）　　　　②（　　）

しめったところでじっとしている。

おたまじゃくしが泳いでいる。

(4) ツバメのようすとして正しいものに○をつけましょう。

①（　　）春になると見られる。

②（　　）春には見られない。

(5) 右の図は，春のころのナナホシテントウのようすです。ナナホシテントウは何をしていますか。

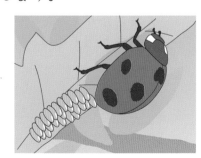

（　　　　　　　　　　　　　　　　　　　　　　　　　）

ヒント　**1**(1)春になると，動物がたまごからかえったり，活動を始めたりするため，見られる動物が多くなります。

25 春の植物

● 春の植物について，言葉や図をなぞりましょう。

春の植物

冬から春になると，気温や水温が　高く　なって，あたたかくなる。

たねから　芽　が出る植物や，　花　がさく植物もある。このように，

気温が高くなるにつれて，植物の成長が　さかん　になる。

チャレンジ！
ヘチマが成長する順に矢印をなぞろう。

春になると，サクラやアブラナ，オオイヌノフグリなどの花がさくよ。

かんさつカード

ヘチマ
5月12日　　　16℃

たね

たねをまいた。

かんさつカード

ヘチマ
5月20日　　　19℃

芽が出た。

かんさつカード

ヘチマ
6月8日　　　21℃

くきがのびて，葉がふえた。

芽が出た後は，葉がふえて，くきがのびる。葉が3～4まいになったら，

根　のまわりの土ごと，花だんなどに　植えかえる　。

1 春のころの植物のようすについて，次の問いに答えましょう。

(1) 春のころのサクラのようすとして正しいものに○をつけましょう。

①(　　　) えだに葉がついていたり，花がさいていたりする。

②(　　　) えだに葉はなく，花もさいていない。

(2) 春になると花がさく植物に○をつけましょう。

①(　　　) ヒマワリ　　②(　　　) ツルレイシ　　③(　　　) オオイヌノフグリ

(3) 冬から春になると，たねから芽が出たり，花がさいたりする植物が多いのはなぜですか。次の文の(　　　)にあてはまる言葉を書きましょう。

> 冬にくらべて気温や水温が(　　　　　　　　　　　　　　　　　)から。

2 ヘチマのたねをポットにまいて育て，観察してカードにまとめました。次の問いに答えましょう。

かんさつカード
ヘチマ
5月20日　　　　19℃

芽が出た。

(1) 芽が出た後，くきの長さはどうなりますか。

(　　　　　　　　　　　　　　　　)

(2) 芽が出た後，葉の数はどうなりますか。

(　　　　　　　　　　　　　　　　)

(3) ポットから花だんに植えかえる方法で，正しいものに○をつけましょう。

①(　　　) 根のまわりの土ごと植えかえる。

②(　　　) 根を土からぬいて植えかえる。

(4) つくったカードはどのようにしますか。正しいものに○をつけましょう。

①(　　　) ほぞんしておいて，1年間の成長をまとめる。

②(　　　) 夏にカードをつくったら，春のカードはすてる。

ヒント　**2**(4)植物のようすとともに気温も記録し，気温の変化と植物の成長の関係を調べます。

26 夏の動物

●夏の動物について、言葉や図をなぞりましょう。

夏の動物

春から夏になると、気温や水温が ┃ 高く ┃ なって暑くなる。

夏は春にくらべて、野原で見られる動物の ┃ 種類 ┃ や数が ┃ 多く ┃

なったり、動物の活動が ┃ さかん ┃ になったりする。

チャレンジ！

夏の動物のようすと文を、線でつなごう。

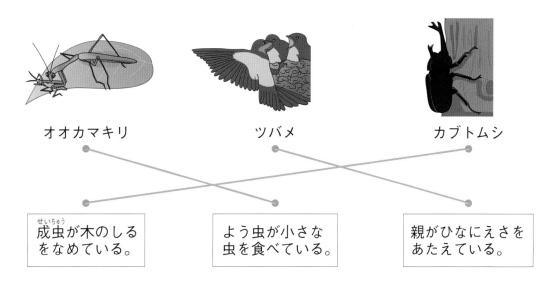

オオカマキリ　　　　　ツバメ　　　　　カブトムシ

| 成虫が木のしるをなめている。 | よう虫が小さな虫を食べている。 | 親がひなにえさをあたえている。 |

夏は春にくらべて、成長して ┃ 大きく ┃ なっている動物が多い。

> 夏になると、見られる動物の種類や数がふえたり、植物が成長したりするよ。このため、動物の食べ物が多くなるよ。

51

1 夏のころの動物のようすについて，次の問いに答えましょう。

(1) 春から夏になると，野原で見られる動物の種類と数は，それぞれどうなりますか。

種類（　　　　　　　　　　　　　）　数（　　　　　　　　　　　　　）

(2) 次の文の（　　）の中で，正しいものを○でかこみましょう。

> 右の図のように，春から夏になると，気温が
> ①（　低く　　　高く　）なる。このため，動物
> の活動が②（　さかんに　　　にぶく　）なる。

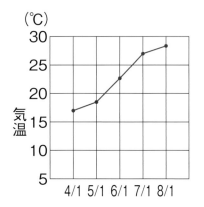

(3) 夏は春のころにくらべて，オオカマキリのよう虫の大きさはどうなりますか。

（　　　　　　　　　　　　　　　　　　　　　　）

(4) 夏のころの動物のようすとして正しいものに，それぞれ○をつけましょう。

ヒキガエル

①（　　　）　　②（　　　）

小さな虫を　　　おたまじゃくしが
食べている。　　泳いでいる。

ツバメ

①（　　　）　　②（　　　）

子に親がえさを　　すをつくって
あたえている。　　いる。

(5) 春には見られず，夏になると見られるようになるこん虫はどれですか。正しいもの2つに○をつけましょう。

①（　　　）カブトムシの成虫　　　②（　　　）ナナホシテントウの成虫

③（　　　）アゲハの成虫　　　　　④（　　　）アブラゼミの成虫

ヒント　1(3)春にたまごからかえったオオカマキリのよう虫は，小さな虫などを食べて成長します。

27 夏の植物

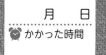

●夏の植物について，言葉や図をなぞりましょう。

夏の植物

春から夏になると，気温や水温が　高く　なって，暑くなる。

植物は，くきがたくさん　のび　たり，葉がたくさん　ふえ　たりする。

このように，気温が高くなるにつれて，植物の成長が　さかん　になる。

チャレンジ！

ヘチマのくきののび方をまとめたグラフをぬりつぶそう。

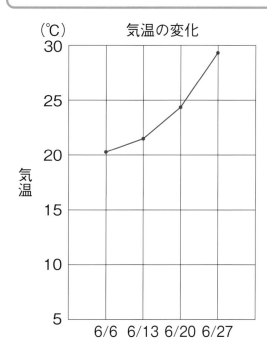

(℃) 気温の変化

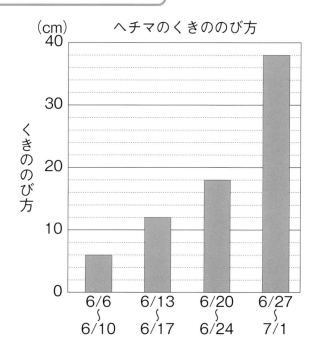

(cm) ヘチマのくきののび方

気温が高くなるとともに，くきののび方が大きくなっているね。

植物の成長と日光

夏はほかの季節にくらべて，昼の長さが長くなる。植物に日光が当たる時間が長くなると，植物の成長がさかんになる。

1 夏のころのサクラのようすとして，正しいものに○をつけましょう。

①（　　　）　　　　　　②（　　　）　　　　　　③（　　　）

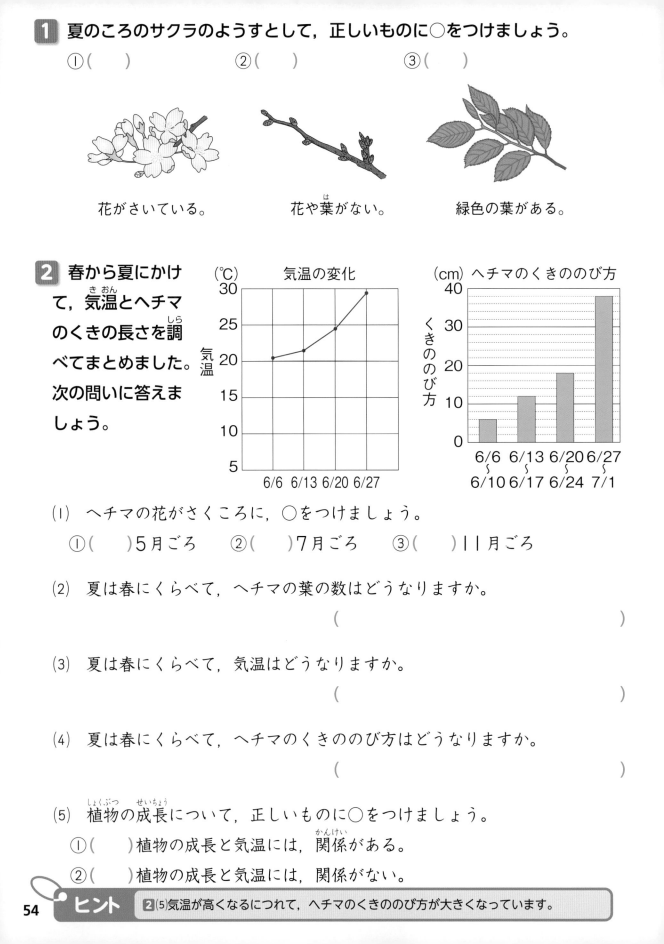

花がさいている。　　　　花や葉がない。　　　　緑色の葉がある。

2 春から夏にかけて，気温とヘチマのくきの長さを調べてまとめました。次の問いに答えましょう。

（℃）気温の変化

（cm）ヘチマのくきののび方

(1) ヘチマの花がさくころに，○をつけましょう。

①（　　　）5月ごろ　　②（　　　）7月ごろ　　③（　　　）11月ごろ

(2) 夏は春にくらべて，ヘチマの葉の数はどうなりますか。

（　　　　　　　　　　　　　　　　　　　　）

(3) 夏は春にくらべて，気温はどうなりますか。

（　　　　　　　　　　　　　　　　　　　　）

(4) 夏は春にくらべて，ヘチマのくきののび方はどうなりますか。

（　　　　　　　　　　　　　　　　　　　　）

(5) 植物の成長について，正しいものに○をつけましょう。

①（　　　）植物の成長と気温には，関係がある。

②（　　　）植物の成長と気温には，関係がない。

ヒント **2**(5)気温が高くなるにつれて，ヘチマのくきののび方が大きくなっています。

体のつくり

● 体のつくりについて，言葉や図をなぞりましょう。

体のつくり

ヒトの体には，たくさんの ほね と きん肉 があり，きん肉は

ほねについている。ほねとほねのつなぎ目を 関節 といい，関節があると

ころで体が曲がる。

チャレンジ！

ひじとひざの関節を○でかこもう。

ひじやひざの関節では，うでやあしを

曲げる ことができる。

関節でないところでは，
体は曲がらないよ。

首やせなかには関節がたくさんあり，いろい
ろな向きに動かすことができる。

ほねは体をささえたり，守ったりしている。

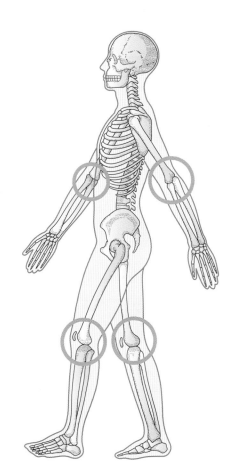

けん

きん肉がほねについているかたい部分をけんという。

1 **右の図は，ヒトのうでを表したものです。次の問いに答えましょう。**

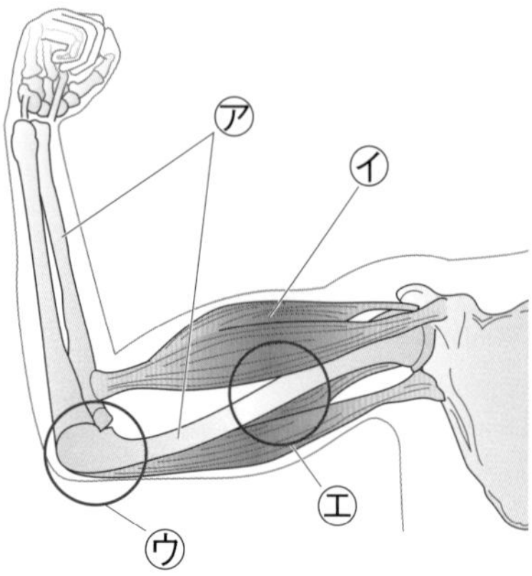

(1) [ア]を何といいますか。

(　　　　　　　　　　)

(2) [ア]についている[イ]を何といいますか。

(　　　　　　　　　　)

(3) [ウ]は，[ア]と[ア]のつなぎ目です。[ウ]を何といいますか。

(　　　　　　　　　　)

(4) 曲げることができるのは，[ウ]と[エ]のどちらですか。　(　　　　)

2 **右の図は，ヒトの全身のほねを表したものです。次の問いに答えましょう。**

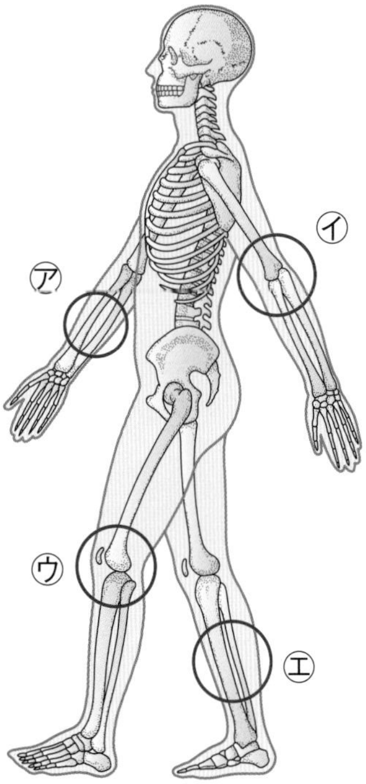

(1) 図からわかることに，○をつけましょう。

①(　　)ヒトの体には，たくさんのほねがある。

②(　　)ヒトのほねの形は，どれも同じである。

(2) 曲げることができるところを，[ア]，[イ]，[ウ]，[エ]からすべて選びましょう。

(　　　　　　　　　　)

(3) (2)で選んだところはどのようなところですか。次の文の(　　)にあてはまる言葉を書きましょう。

ほねとほねの(　　　　　　　　　　)になっているところ。

ヒント **2**(2)関節で体が曲がります。

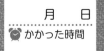
●体のつくりと運動について，言葉や図をなぞりましょう。

体のつくりと運動

きん肉 は，力を入れるとかたくなる。

きん肉がちぢんだりゆるんだりして ほね を動かすことで，体が動く。

動物にも，ヒトと同じようにきん肉とほねがある。

ほねときん肉のはたらきで，体が動くんだね。

チャレンジ！

ちぢんでいるきん肉をぬりつぶそう。

【うでを曲げるとき】

内側のきん肉が ちぢみ ，

外側のきん肉が ゆるむ 。

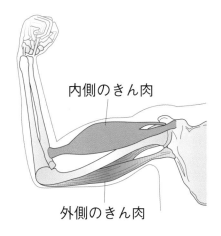

内側のきん肉

外側のきん肉

【うでをのばすとき】

内側のきん肉が ゆるみ ，

外側のきん肉が ちぢむ 。

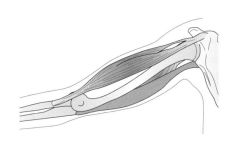

57

[1] 右の図のように，うでを曲げたりのばしたりしました。次の問いに答えましょう。

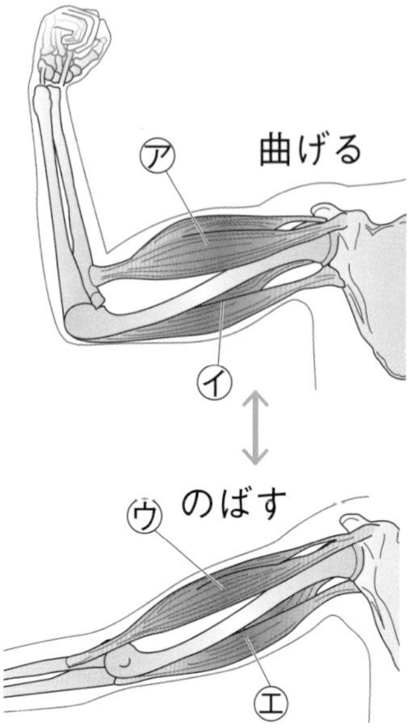

(1) さわったときにいつもかたいのは，ほねときん肉のどちらですか。　(　　　　　　)

(2) うでを曲げるとき，ちぢむきん肉は㋐と㋑のどちらですか。　(　　　　　　)

(3) うでをのばすとき，㋒と㋓のきん肉はそれぞれ，ゆるみますか，ちぢみますか。

㋒(　　　　　　)　㋓(　　　　　　)

(4) 図のようにうでを動かすしくみとして，正しいものに○をつけましょう。

①(　　)ほねだけのはたらきで動く。

②(　　)きん肉だけのはたらきで動く。

③(　　)ほねときん肉のはたらきで動く。

[2] 右の図は，ウサギのほねを表しています。次の問いに答えましょう。

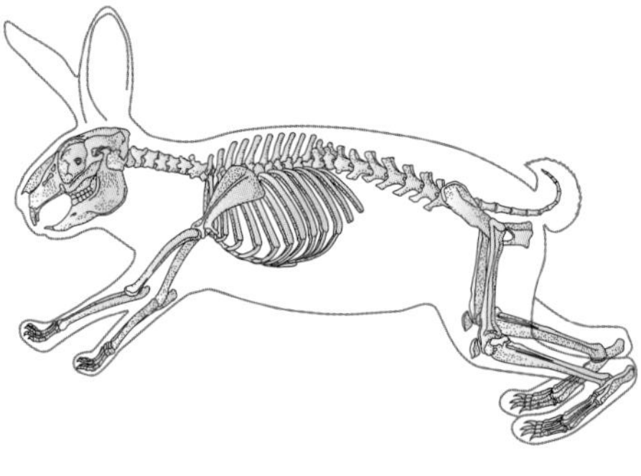

(1) 図からわかることに，○をつけましょう。

①(　　)ウサギの体に，関節はない。

②(　　)ウサギの体に，関節はある。

(2) ウサギのほねについていて，ちぢんだりゆるんだりしてほねを動かすものは何ですか。　(　　　　　　)

(3) ほねと(2)で答えたもののはたらきで体を動かす動物には何がありますか。すべて○をつけましょう。

①(　　)ウサギ　②(　　)ヒト

ヒント [1](1)きん肉は，力を入れたときだけかたくなります。

30 秋の動物

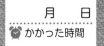

●秋の動物について，言葉や図をなぞりましょう。

秋の動物

夏から秋になると，気温や水温が | 低く | なって，すずしくなる。

秋は夏にくらべて，動物の活動が | にぶく | なったり，すがたがあまり

| 見られなく | なったりする。

チャレンジ！
秋の動物のようすと文を，線でつなごう。

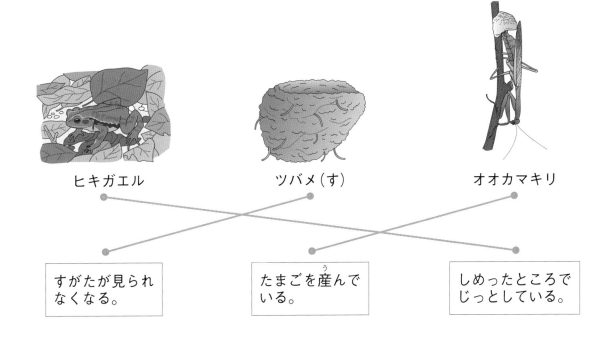

ヒキガエル　　　　　ツバメ（す）　　　　オオカマキリ

| すがたが見られ
なくなる。 | | たまごを産んで
いる。 | | しめったところで
じっとしている。 |

秋になってすずしく
なると，動物のよう
すが変わるね。

すむ場所を変える鳥
ツバメのように，気温によってすむ場所を変える鳥を
わたり鳥という。ツバメは秋になってすずしくなると，
南のあたたかい国へわたっていく。

1 秋のころの動物のようすについて，次の問いに答えましょう。

(1) セミが多く見られるのは，夏と秋のどちらですか。

（ 　　　　　　　　　　 ）

(2) 次の文の（ 　 ）の中で，正しいものを○でかこみましょう。

　　右の図のように，夏から秋になると，気温が
①（ 　低く 　　　 高く 　）なる。このため，動物
の活動が②（ 　さかんに 　　　 にぶく 　）なる。

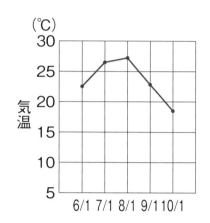

(3) 秋のころの動物のようすとして正しいものに，それぞれ○をつけましょう。

オオカマキリ

①（ 　　 ）　　　　　②（ 　　 ）

たまごからよう虫が
かえっている。

たまごを産んで
いる。

ヒキガエル

①（ 　　 ）　　　　　②（ 　　 ）

しめったところで
じっとしている。

おたまじゃくしが
泳いでいる。

(4) 右の図のように，秋のころはツバメのすがたが見られなくなります。その理由として正しいものに○をつけましょう。

①（ 　　 ）木のあなの中などでじっとしているから。

②（ 　　 ）すずしくなって，しんでしまったから。

③（ 　　 ）南のあたたかい国にわたっていったから。

④（ 　　 ）北の寒い国にわたっていったから。

ツバメのす

ヒント　■1(4)ツバメは，春になってあたたかくなると見られるようになり，秋になってすずしくなると見られなくなります。

秋の植物

●秋の植物について，言葉や図をなぞりましょう。

秋の植物

夏から秋になると，気温や水温が　低く　なって，すずしくなる。

植物は，くきが　のびなく　なったり，葉が　かれ　たりする。

実　が大きくなって，中に　たね　ができている植物もある。このように，

気温が低くなるにつれて，植物の成長が　にぶく　なる。

チャレンジ！

ヘチマが成長する順に矢印をなぞろう。

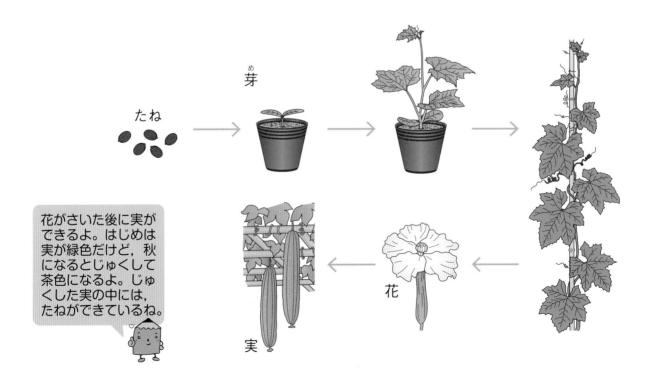

たね　芽　花　実

花がさいた後に実ができるよ。はじめは実が緑色だけど，秋になるとじゅくして茶色になるよ。じゅくした実の中には，たねができているね。

1 秋のころのサクラのようすについて，次の問いに答えましょう。

(1) 秋のころの葉のようすとして正しいものに○をつけましょう。

①(　　　　)　　　　　　　②(　　　　)

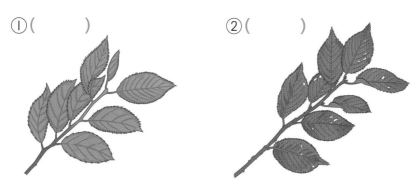

(2) (1)で選んだ葉は，その後どうなりますか。正しいものに○をつけましょう。

①(　　　)数がふえる。　　②(　　　)かれて落ちる。

2 図1は，夏から秋にかけてできたヘチマの実です。次の問いに答えましょう。

図1

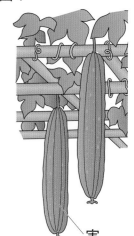

実

(1) 夏から秋になると，気温はどうなりますか。

(　　　　　　　　　　　　　　　　　)

(2) 夏から秋になると，ヘチマのくきののび方はどうなりますか。

(　　　　　　　　　　　　　　　　　)

(3) 図1のような実ができるのはいつですか。正しいものに○をつけましょう。

①(　　　)花がさく前　　②(　　　)花がさいた後

(4) 図1の実がじゅくすと，何色になりますか。　(　　　　　　　　　)

(5) 図2は，じゅくした実の中にあるものです。これを何といいますか。

図2

(　　　　　　　　　　　　)

ヒント　**2**(2)気温が低くなると，ヘチマがあまり成長しなくなります。

32 冬の動物

月　日
かかった時間
分

●冬の動物について，言葉や図をなぞりましょう。

冬の動物

秋から冬になると，気温や水温が　低く（ひく）　なって寒くなり，動物の活動が（かつどう）

にぶく　なったり，動物のすがたが　見られなく　なったりする。

動物はいろいろなすがたで冬をこし，春になるとふたたび活動を始める。

チャレンジ！

こん虫の名前と冬をこすようすを，線でつなごう。

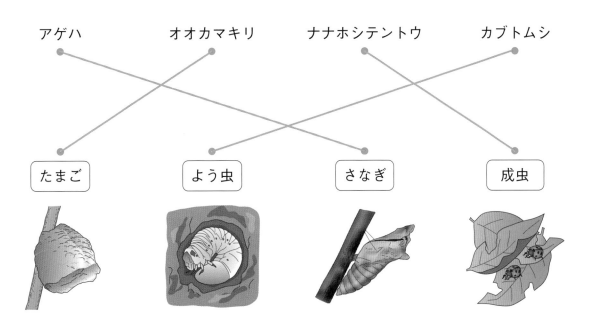

アゲハ　　オオカマキリ　　ナナホシテントウ　　カブトムシ

たまご　　よう虫　　さなぎ　　成虫

オオカマキリの成虫はたまごを産んだ後，すがたが見られなくなるよ。

冬みん

コウモリやシマリスなどが，冬の間ほとんど動かずに，ねむったようにじっとしていることを冬みんという。

63

1 冬のころの動物のようすについて，次の問いに答えましょう。

(1) 秋から冬になると，野原で見られる動物の数はどうなりますか。

　　　　　　　　　　　　　　　　　　（　　　　　　　　　　　　　）

(2) 次の文の（　　）の中で，正しいものを○でかこみましょう。

> 右の図のように，秋から冬になると，気温が
> ①（　低く　　　高く　）なる。このため，動物
> の活動が②（　さかんに　　　にぶく　）なる。

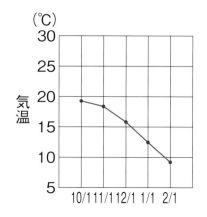

(3) 冬のころの動物のようすとして正しいものに，それぞれ○をつけましょう。

ヒキガエル

①（　　　　）　　　　②（　　　　）

土の中でじっと　　　おたまじゃくしが
している。　　　　泳いでいる。

ツバメ

①（　　　　）　　　　②（　　　　）

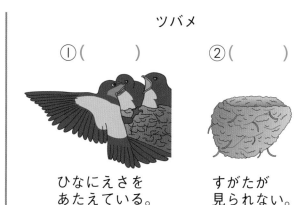

ひなにえさを　　　すがたが
あたえている。　　見られない。

(4) ①～④のこん虫は，どのようなすがたで冬をこしますか。　　からそれぞれ選びましょう。

> たまご　　　よう虫　　　さなぎ　　　成虫

①ナナホシテントウ（　　　　　　　　　　）

②カブトムシ　　　（　　　　　　　　　　）

③オオカマキリ　　（　　　　　　　　　　）

④アゲハ　　　　　（　　　　　　　　　　）

ヒント　　**1**(1)冬になると，多くの動物のすがたが見られなくなります。

33 冬の植物

月 日
⏰ かかった時間
分

● 冬の植物について，言葉や図をなぞりましょう。

冬の植物

秋から冬になると，気温や水温が 低く なって，寒くなる。

葉やくきがかれて たね で冬をこす植物や，えだに 芽 をつけて冬をこす植物がある。

チャレンジ！
季節と植物のようすを線でつなごう。

冬は，ヘチマの葉やくきがかれてしまうね。

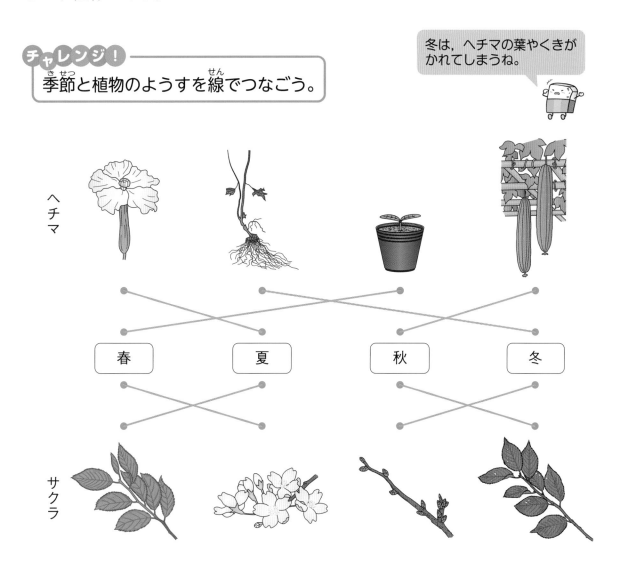

1 冬のころのサクラのようすについて，次の問いに答えましょう。

(1) 冬のころのえだのようすとして正しいものに○をつけましょう。

①(　　　)　　　　　②(　　　)　　　　　③(　　　)

(2) サクラのえだは，春になるとどうなりますか。正しいものに○をつけましょう。

①(　　　)芽が成長して，葉や花ができる。

②(　　　)葉や花がなくなり，芽ができる。

2 右の図は，冬のころのヘチマのようすです。次の問いに答えましょう。

(1) 冬のころ，ヘチマの葉，くき，根はどうなっていますか。 ▨ からそれぞれ選びましょう。

> よく成長している。　　　かれている。

①葉(　　　　　　　　　　)　②くき(　　　　　　　　　　　　　　)

③根(　　　　　　　　　　)

(2) 図の◎は，春になるとどうなりますか。正しいものに○をつけましょう。

①(　　　)緑色になり，芽が出る。　　　②(　　　)茶色のままで，芽は出ない。

(3) ヘチマが冬をこすすがたに，○をつけましょう。

①(　　　)　　　　　②(　　　)　　　　　③(　　　)

芽　　　　　　　　　　花　　　　　　　　　たね

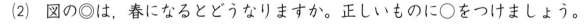

ヒント　　**2**(2)◎の中にはたねがあり，たねから芽が出ます。

月　　日
⏰ かかった時間
分

🔵 生き物の1年について，言葉や図をなぞりましょう。

生き物の1年

　動物は，春や夏になって気温が 高く なると，活動がさかんになり，成長したり数がふえたりする。秋や冬になって気温が 低く なると，活動がにぶくなる。

　植物は，春や夏になって気温が高くなると，くきがのびたり 葉 がふえたりして，さかんに成長する。秋や冬になって気温が低くなると， たね を残してかれたり， 芽 をつけたりして冬をこす。

> 季節によって，生き物のようすはちがうね。

チャレンジ！

　線をなぞって，生き物のようすを季節ごとに分けよう。

春	夏	秋	冬

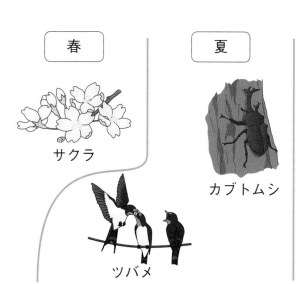

サクラ

カブトムシ

ツバメ

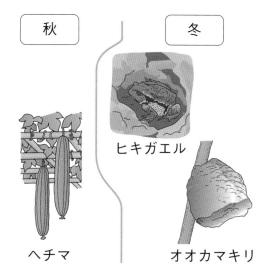

ヒキガエル

ヘチマ

オオカマキリ

1 生き物の1年について，次の問いに答えましょう。

(1) それぞれの生き物のようすを，春，夏，秋，冬の順にならべましょう。

① ヒキガエル　　　（　　　→　　　→　　　→　　　）

ⓐ　　　　　　　　　ⓘ　　　　　　　　　ⓤ　　　　　　　　　ⓔ

土

② サクラ　　　　（　　　→　　　→　　　→　　　）

ⓐ　　　　　　　　　ⓘ　　　　　　　　　ⓤ　　　　　　　　　ⓔ

(2) ヘチマのくきがいちばんのびるのは，春，夏，秋，冬のうちのいつですか。

（　　　　　　　　　　　　　）

(3) 春や夏になると，動物の活動や植物の成長はそれぞれさかんになりますか，
にぶくなりますか。　　　　動物の活動（　　　　　　　　　　　　　）

植物の成長（　　　　　　　　　　　　　）

(4) 秋や冬になると，動物の活動や植物の成長がにぶくなるのはなぜですか。
次の文の（　　）にあてはまる言葉を書きましょう。

気温や水温が（　　　　　　　　　　　　　　　　　）から。

(5) 季節と生き物のようすについて，正しいものに○をつけましょう。

①（　　）季節によって，生き物のようすはちがう。

②（　　）季節が変わっても，生き物のようすは同じである。

ヒント　　1(3)春や夏になると，気温が高くなります。

天気の決め方，気温のはかり方

● 天気と気温について，言葉や図をなぞりましょう。

天気と気温

空気の温度を 気温 という。気温は風通しのよいところで，温度計を地面から 1.2m〜1.5m の高さにして，温度計に 日光 がちょくせつ当たらないようにしてはかる。

天気は，空全体にある 雲 の量で決める。雨がふっていないとき，青空が見えていれば 晴れ とし，青空がほとんど見えなければ くもり とする。

チャレンジ！
雲の形をなぞろう。

雲があっても「晴れ」のときがあるね。

雲　青空
晴れ

晴れ

くもり
（青空がほとんど見えない。）

雲の量と天気

天気は，空全体を 10 としたときの雲の量で決める。雲の量が 0〜1 のときを快晴，2〜8 のときを晴れ，9〜10 のときをくもりという。

69

1 天気について，次の問いに答えましょう。

(1) 天気は，空全体にある何の量で決めますか。　（　　　　　　　　　　）

(2) 次のときの天気は，それぞれ「晴れ」と「くもり」のどちらですか。

①（　　　　　　　　　　）　　②（　　　　　　　　　　）

青空がほとんど見えない。

青空が見える。

2 右の図のような温度計で気温をはかります。次の問いに答えましょう。

(1) 気温をはかるところで，正しいものに○をつけましょう。

①（　　　）風通しのよいところ

②（　　　）風通しのよくないところ

(2) 温度計は，地面からどのくらいの高さにしますか。正しいものに○をつけましょう。

①（　　　）20cm～50cm　　②（　　　）1.2m～1.5m　　③（　　　）2m～5m

(3) 気温のはかり方で，正しいものに○をつけましょう。

①（　　　）　　　　　　　②（　　　）　　　　　　　③（　　　）

日光
温度計

おおい
日光

日光

ヒント　2(3)温度計に日光がちょくせつ当たらないようにします。

36 折れ線グラフ

月　日
⏰かかった時間
分

●折れ線グラフについて，言葉や図をなぞりましょう。

折れ線グラフ

折れ線グラフは，時間とともに 変化 するものの値を表すのにつごうが

よい。横のじくに 時間 をとり，たてのじくに変化するものをとる。

チャレンジ!
折れ線グラフをなぞろう。

グラフのかたむきが急なほど，
変化が大きいよ。

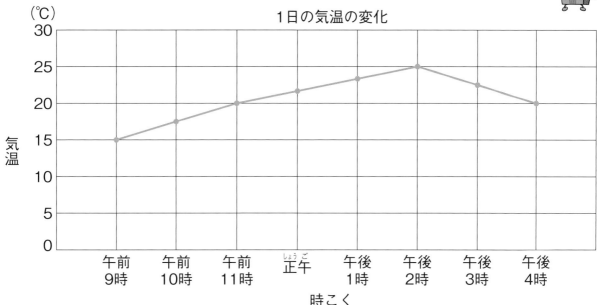

1日の気温の変化

（℃）

気温

午前9時　午前10時　午前11時　正午　午後1時　午後2時　午後3時　午後4時

時こく

グラフが右上がりのとき→たてのじくの値が 大きくなって いる。

グラフが水平のとき → たてのじくの値が 変わらない 。

グラフが右下がりのとき→たてのじくの値が 小さくなって いる。

71

1 右の図は，ある日の気温の変化を折れ線グラフで表したものです。次の問いに答えましょう。

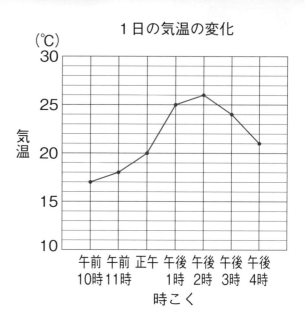

1日の気温の変化

(1) 横のじくは，何を表していますか。

（ 　　　　　　　　　 ）

(2) 午前11時から正午までの間は，気温はどうなりましたか。

（ 　　　　　　　　　 ）

(3) 午後3時から午後4時までの間は，気温はどうなりましたか。

（ 　　　　　　　　　 ）

(4) 気温の変化がいちばん大きかったのはいつですか。正しいものに○をつけましょう。

①（ 　　 ）午前10時から午前11時までの間

②（ 　　 ）正午から午後1時までの間

③（ 　　 ）午後2時から午後3時までの間

2 表の気温を，折れ線グラフで表しましょう。

時こく	気温
午前10時	15℃
午前11時	17℃
正午	20℃
午後1時	23℃
午後2時	25℃
午後3時	24℃
午後4時	21℃

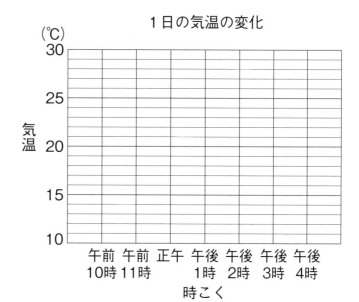

1日の気温の変化

ヒント　**1**(4)グラフのかたむきが大きいほど，気温の変化が大きくなります。

37 1日の気温の変化

月 日
⏰ かかった時間
分

● 1日の気温の変化について，言葉や図をなぞりましょう。

1日の気温の変化

1日の気温の変化のしかたは，　天気　によってちがう。晴れの日は気温

の変化が　大きく　，くもりや雨の日は気温の変化が　小さい　。

チャレンジ！

晴れの日とくもりの日の，気温の変化を表す矢印をなぞろう。

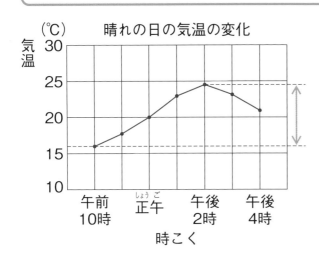

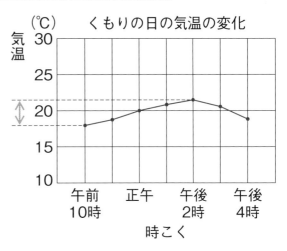

晴れの日は，午前中から昼すぎにかけて気温が　上がり　，午後2時ご

ろにいちばん　高く　なる。その後，気温は　下がる　。

くもりや雨の日は，気温があまり　変わらない　。

雲と気温

くもりや雨の日は，日光が雲にさえぎられる。このため，晴れの日よりも気温が上がりにくくなる。

73

1 気温を2日間はかって，グラフにまとめました。一方の日は晴れていて，も
う一方の日はくもりでした。あとの問いに答えましょう。

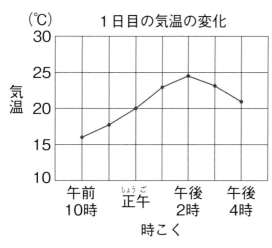

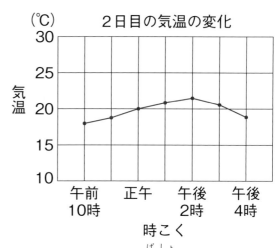

(1) 同じ日に，1時間ごとに気温をはかるときは，はかる場所をどのようにし
ますか。正しいものに○をつけましょう。

① (　　　) はかるたびに変える。　　② (　　　) いつも同じにする。

(2) 1日目について，午前10時から正午までは気温がどうなりましたか。

(　　　　　　　　　　　　　　　　　)

(3) 1日目について，気温がいちばん高くなったのは何時ですか。

(　　　　　　　　　　　　　　　　　)

(4) 晴れていたのは，1日目と2日目のどちらですか。

(　　　　　　　　　　　　　　　　　)

(5) (4)のように考えた理由について，次の文の(　　　)にあてはまる言葉を書き
ましょう。

> 1日の気温の変化が(　　　　　　　　　　　　　　　　　)から。

(6) 天気と気温について，正しいものに○をつけましょう。

① (　　　) 天気がちがうと，1日の気温の変化のしかたもちがう。

② (　　　) 天気がちがっても，1日の気温の変化のしかたは同じである。

ヒント 　**1**(5)いちばん低い気温と，いちばん高い気温のちがいをくらべます。

🔵 星座早見の使い方について，言葉や図をなぞりましょう。

星座早見の使い方

星座早見 を使うと，観察したい 日時 に，どのような星や星座が，どのような 位置 にあるかを調べることができる。

チャレンジ！ 調べている方位を○でかこもう。

20時は午後8時だよ。

①観察する月日の目もり（外側）と，時こくの目もり（内側）を合わせる。

右の図は， 7月15日 の

午後8時 に合わせている。

19時　20時　21時

| 2 | 31 | 29 | 27 | 25 | 23 | 21 | 19 | 17 | 15 | 13 | 11 | 9 | 7 | 5 | 3 | 1 | 29 | 2 |

7月

②観察したい方位を 下 にして持ち，星をさがす。右の図では 南 の空の星を調べている。

方位は方位じしんで調べよう。

1 図1の道具で，図2のように目もりを合わせた後，図3のように持って星が
見える位置を調べました。あとの問いに答えましょう。

図1
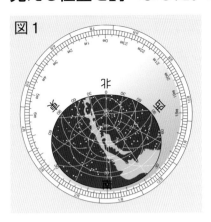

図2
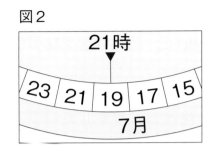

図3
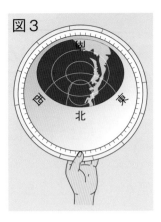

(1) 図1の道具を何といいますか。 （　　　　　　　　　　）

(2) 図2のとき，調べているのは何月何日の何時ですか。午前・午後をつけて
答えましょう。 （　　　　　　　　　　）

(3) 図3のとき，調べている方位は東・西・南・北のどれですか。

（　　　　　　　　　　）

2 星座早見で，南の空の星の位置を調べます。次の問いに答えましょう。

(1) 星座早見の持ち方で，正しいものに○をつけましょう。

①（　　　）　　②（　　　）　　③（　　　）　　④（　　　）

(2) (1)のように考えた理由について，次の文の（　　　）にあてはまる言葉を書き
ましょう。

星座早見は，調べたい方位を（　　　　　　　　　　　　　）から。

　ヒント　**1**(2)13時〜24時は，12を引いて「午後」をつけましょう。

39 星と星座

月　日
⏰ かかった時間
分

● 星と星座について，言葉や図をなぞりましょう。

星と星座

星の明るさや色は，星によって　ちがう　。明るい星から順に，

１等星　，２等星，３等星，…と分けられている。

星の集まりを，いろいろなものに見立てて名前をつけたものを　星座　と

いう。

チャレンジ！

星座の中でいちばん明るい星をぬりつぶそう。

さそり座
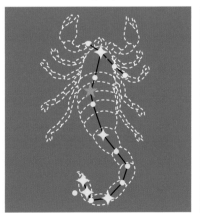

はくちょう座

わし座

☆１等星　◇２等星　○３等星以下

さそり座の１等星は赤色で，
はくちょう座やわし座の
１等星は白色をしているよ。

星の色

星の色は，表面の温度によってちがう。温度が高いものから順に，青白色，白色，黄色，オレンジ色，赤色となる。

77

1 右の図は，さそり座とはく
ちょう座を表したものです。
次の問いに答えましょう。

さそり座　　　　　はくちょう座

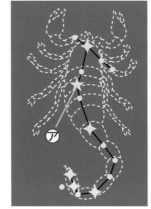

☆1等星　◇2等星　○3等星以下

(1)　図のように，星の集まり
をいろいろなものに見立て
て名前をつけたものを何と
いいますか。

（　　　　　　　　　）

(2)　㋐の星は何色ですか。正しいものに○をつけましょう。

①白色（　　）　　　　②赤色（　　）　　　　③青白色（　　）

(3)　図の星で，1等星，2等星，3等星は，何によって分けられていますか。

（　　　　　　　　　　　　　　　　　）

(4)　星の色や明るさについて，それぞれ正しいものに○をつけましょう。

星の色

①（　　）すべての星で同じ。　　②（　　）星によってちがう。

星の明るさ

①（　　）すべての星で同じ。　　②（　　）星によってちがう。

2 右の図の星座について，次の問いに答えましょう。

(1)　図の星座を何といいますか。正しいものに○を
つけましょう。

①（　　）さそり座

②（　　）わし座

③（　　）はくちょう座

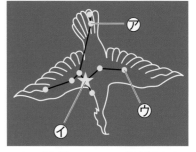

☆1等星　　　○3等星以下

(2)　いちばん明るい星は，㋐，㋑，㋒のどれですか。　　（　　　　　　）

ヒント　**2**(1)アルタイルという1等星がある星座です。

●夏の星について，言葉や図をなぞりましょう。

夏の星

　七夕のころの午後9時ごろには，南の空に さそり座 が見え，東の

空に はくちょう座 ， こと座 ， わし座 が見える。

はくちょう座のデネブ，こと座のベガ，わし座のアルタイルを結んでできる三角

形を 夏の大三角 という。

チャレンジ！

夏の大三角をなぞろう。

七夕のおりひめ星はベガで，
ひこ星はアルタイルだよ。

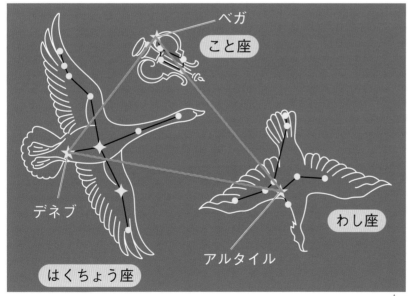

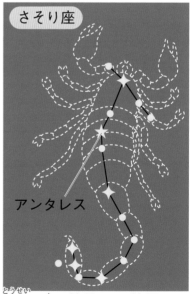

☆1等星　◇2等星　○3等星以下

デネブ，ベガ，アルタイルは白色で，
アンタレスは赤色をしているよ。

1 右の図は，7月のある日に，東の空に見えた星座(せいざ)です。次の問いに答えましょう。

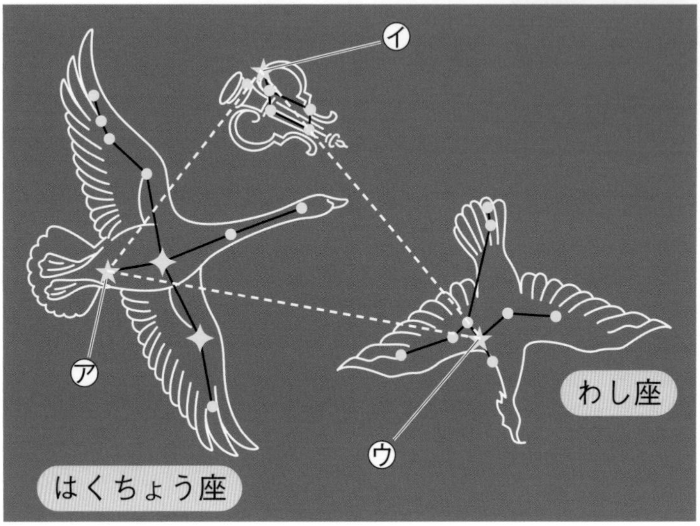

(1) [ア]，[イ]，[ウ]の星をそれぞれ何といいますか。

[ア]（　　　　　　　　）

[イ]（　　　　　　　　）

[ウ]（　　　　　　　　）

(2) [ア]，[イ]，[ウ]を結(むす)んでできる三角形を何といいますか。

（　　　　　　　　）

(3) [ア]は何色をしていますか。正しいものに○をつけましょう。

①白色（　　）　②赤色（　　）　③オレンジ色（　　）

(4) [イ]をふくむ星座を何といいますか。（　　　　　　　　）

2 右の図は，7月のある日に，南の空に見えた星座です。次の問いに答えましょう。

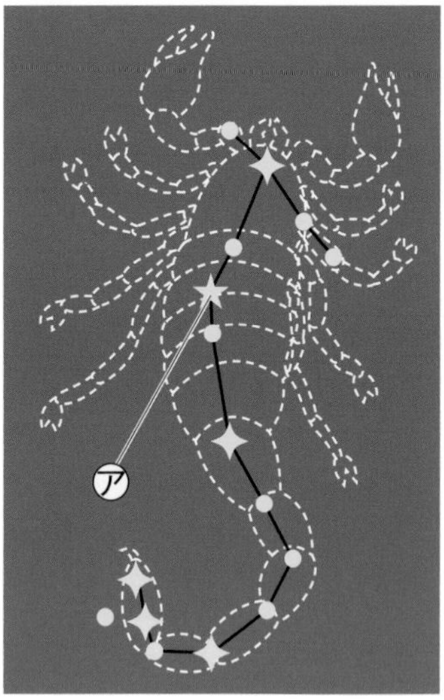

(1) 図の星座を何といいますか。

（　　　　　　　　）

(2) [ア]の星を何といいますか。

（　　　　　　　　）

(3) [ア]は何色をしていますか。

（　　　　　　　　）

(4) [ア]は何等星(とうせい)ですか。（　　　　　　　　）

ヒント **2**(4)[ア]は，図の星座の中でいちばん明るく見えます。

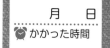

41 雨水のゆくえと地面のようす

月　日
かかった時間
分

● 雨水のゆくえと地面のようすについて，言葉や図をなぞりましょう。

雨水のゆくえと地面のようす

水は，　高い　ところから　低い　ところに向かって流れる。雨がふっ

たとき，土のつぶが　大きい　ほど，水がしみこみやすい。

チャレンジ！
水が流れた向きの矢印をなぞろう。

すな場のすな

雨水が
流れたあと

校庭の土

水たまり

ビー玉が転がった向き

ビー玉

とい

地面のかたむきは，
ビー玉などで調べること
ができる。

校庭に雨がふったとき，まわりよりも　低く　て，水が流れてくるところ

には，水たまりができることがある。すなは土よりもつぶが　大きく　，

水がしみこみやすいため，すな場には水たまりができにくい。

81

1 **右の図のように，雨がふった次の日に，校庭に水たまりができていました。次の問いに答えましょう。**

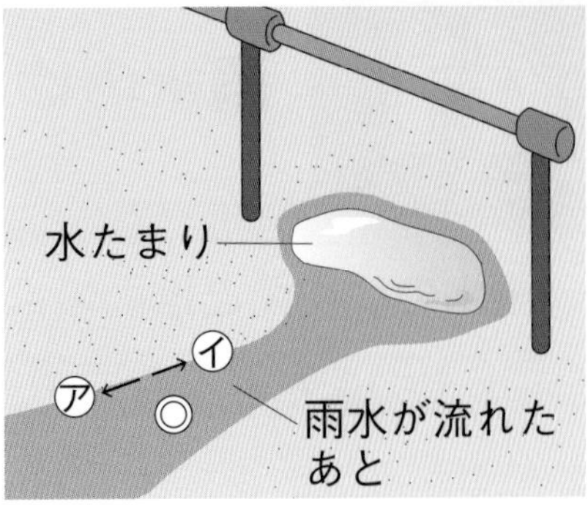
水たまり
㋐
㋑
◎
雨水が流れたあと

(1) ◎のところで，水が流れた向きは㋐と㋑のどちらですか。　(　　　　)

(2) 水たまりができたところは，まわりより高さがどうなっていますか。

(　　　　　　　　　　　　)

2 **右の図のように，土とすなに水をそそぐと，土よりもすなのほうが，水が早くしみこみました。次の問いに答えましょう。**

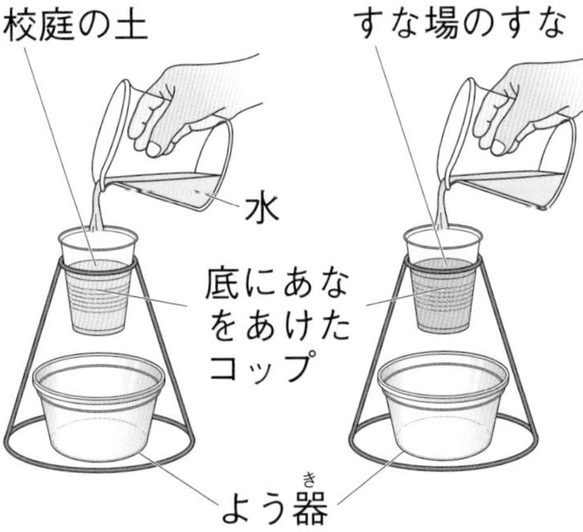
校庭の土
すな場のすな
水
底にあなをあけたコップ
よう器

(1) つぶが大きいのは，土とすなのどちらですか。　(　　　　)

(2) 実験の結果から，どのようなことがいえますか。正しいものに◯をつけましょう。

①(　　)つぶが小さいほうが，水がしみこみやすい。

②(　　)つぶが大きいほうが，水がしみこみやすい。

(3) 雨の日に水たまりができやすいのはどちらですか。◯をつけましょう。

①(　　)地面が土のところ　　②(　　)すな場

3 **右の図のように，雨がふると道路のわきのみぞに水が流れます。これは，みぞの高さがどうなっているからですか。**

(　　　　　　　　　　　　)

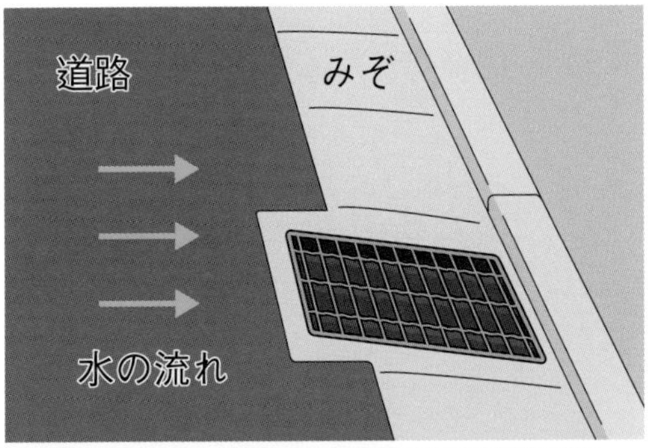
道路
みぞ
水の流れ

ヒント 3 水は，高いところから低いところへ流れます。

42 水のゆくえ

●水のゆくえについて，言葉や図をなぞりましょう。

水のゆくえ

水が　じょう発　すると，　水じょう気　になって目に見えな

くなる。空気が冷やされると，空気中の水じょう気が冷えて水てきがつく。これ

を　結ろ　という。

チャレンジ！

結ろしてできた水てきをぬりつぶそう。

ビーカーに同じ量の水を入れ，日当たりのよい場所に３日間置く。

【おおいをしないビーカー】

水がじょう発し，水じょう気になって

出ていくので，ビーカーの水が　へる　。

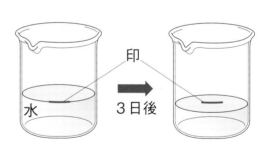

【おおいをしたビーカー】

じょう発した水じょう気が

水てき　になって，内側につく。

ビーカーの水はほとんど

へらない　。

1 右の図のように, ビーカーに水を入れ, 水面の位置に印をかき, 日なたに3日間置きました。次の問いに答えましょう。

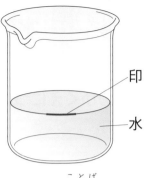

印
水

(1) 3日後, 水面の位置は印にくらべてどうなりますか。

（　　　　　　　　　　）

(2) (1)のようになった理由について, 次の文の（　　）にあてはまる言葉を書きましょう。

　　ビーカーの水が（　　　　　　　　　）になって, 空気中に出ていったため。

(3) 水がふっとうしなくても, 水が(2)で答えたものに変わることを何といいますか。

（　　　　　　　　　　）

2 右の図のように, 氷水を入れたコップを空気中に置いておくと, 水てきがつきました。次の問いに答えましょう。

氷水

水てき

(1) 水てきのもとになったものに, ○をつけましょう。

①（　　）コップの中の氷水

②（　　）空気中の水じょう気

(2) 空気が冷やされて, (1)で選んだものが水てきに変わることを何といいますか。

（　　　　　　　　　　）

(3) 図と同じ変化が起こっているものに○をつけましょう。

①（　　）水たまりの水が, 次の日にはなくなっていた。

②（　　）寒い日の朝に, 草の葉に水がついていた。

③（　　）冬のある日, 池の水に氷がはっていた。

ヒント **2**(1)氷水によって, コップのまわりの空気が冷やされます。

43 月の位置①

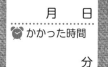

月　日

⏰ かかった時間

分

🔵 半月の位置について，言葉や図をなぞりましょう。

半月の位置

右側半分が光る半月は，正午ごろ 東 からのぼり，夕方に 南 の空を

通って，真夜中ごろに 西 にしずむ。東→南→西へと位置が変わる動き方は，

太陽の動き方と にている 。

チャレンジ！

半月が動く矢印をなぞろう。

半月と太陽

月は，太陽の光が当たっているところが光る。このため，半月の光っている方向に，太陽がある。

【半月の観察】

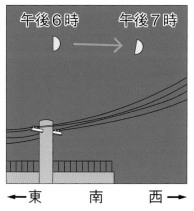

午後6時　　　午後7時

←東　　　南　　　西→

【半月の動き】

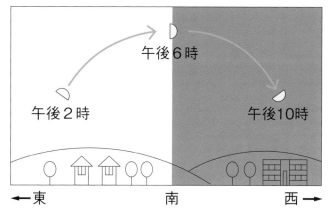

午後6時

午後2時

午後10時

←東　　　　　南　　　　　西→

月の位置の変化を調べるときは，観察する場所をいつも 同じ にする。

このとき，月の位置の 目印 にするために，まわりの建物や木をいっしょ

に記録しておくとよい。

85

[1] 右の図のように，時こくによる半月の位置の変化を調べてまとめました。次の問いに答えましょう。

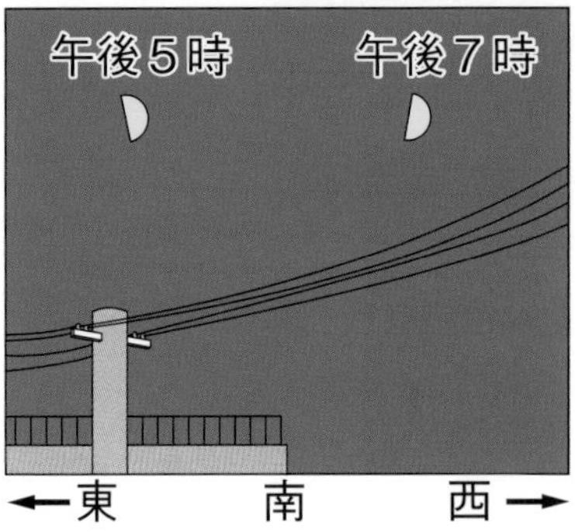

(1) 観察する場所はどのようにしますか。正しいものに○をつけましょう。

①(　　)午後５時と午後７時で変える。
②(　　)午後５時と午後７時で同じにする。

(2) 観察するとき，半月といっしょに建物をスケッチした理由について，次の文の(　　)にあてはまる言葉を書きましょう。

半月の位置の(　　　　　　　　　　　　　　　)にするため。

(3) 半月が動いた向きに，○をつけましょう。

①(　　)東から西　　②(　　)西から東

(4) 午後５時と午後７時の月の形について，正しいものに○をつけましょう。

①(　　)形はほとんど同じ。　　②(　　)形はまったくちがう。

[2] 右の図のように，半月の動きをまとめました。次の問いに答えましょう。

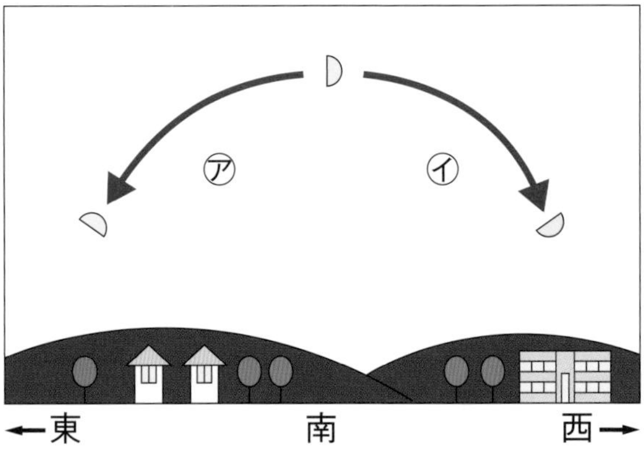

(1) 半月が動く向きは，㋐と㋑のどちらですか。　(　　　　)

(2) (1)で選んだ向きについて，正しいものに○をつけましょう。

①(　　)太陽が動く向きと同じ。　②(　　)太陽が動く向きとはぎゃく。

(3) 半月が南の空に見えるのはいつごろですか。正しいものに○をつけましょう。

①(　　)正午　　②(　　)夕方　　③(　　)真夜中

ヒント　[1](2)建物は動かないので，月の位置の変化がわかります。

44 月の位置②

● 満月の位置について，言葉や図をなぞりましょう。

満月の位置

円のような形の月を　満月　という。満月は，夕方に　東　からのぼり，

真夜中ごろに　南　の空を通って，明け方に　西　にしずむ。東→南→西へ

と位置が変わる動き方は，太陽の動き方と　にている　。

チャレンジ！
満月が動く矢印をなぞろう。

【満月の観察】

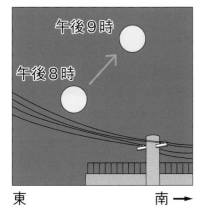

東　　　　　　南→

【満月の動き】

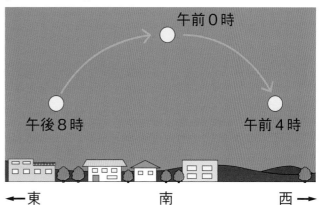

←東　　　　南　　　　西→

月は，毎日少しずつ　形　が

変わる。

月の形の変化
満月から次の満月になるまでに
は，およそ４週間かかる。

満月　半月　半月　三日月　新月（見えない）

1 右の図のように，時こくによる月の位置の変化を調べてまとめました。次の問いに答えましょう。

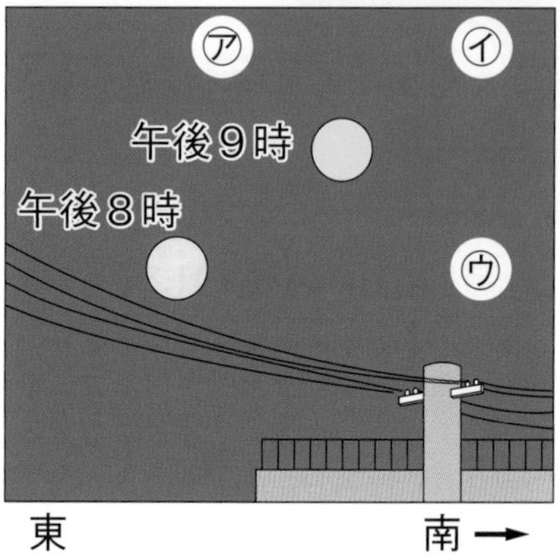

(1) 図のような形の月を何といいますか。

(　　　　　　　　)

(2) 午後8時と午後9時で，変わったものに○，ほとんど変わっていないものに×をつけましょう。

①(　　)月の方位　②(　　)月の高さ　③(　　)月の形

(3) 午後10時に観察すると，月はどのあたりに見えますか。図の㋐，㋑，㋒から選びましょう。(　　　)

2 右の図のように，満月の動きをまとめました。次の問いに答えましょう。

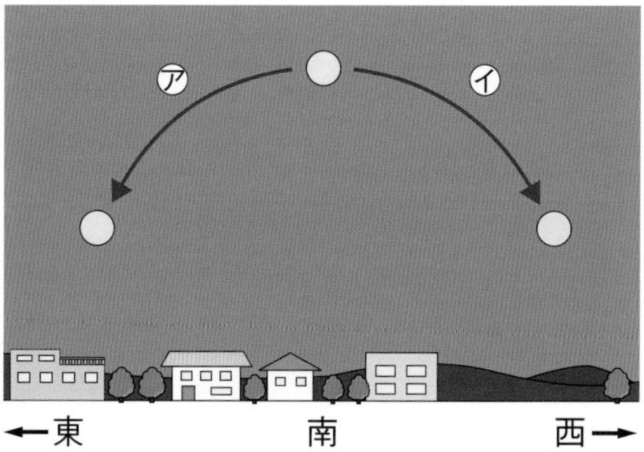

(1) 満月が動く向きは，㋐と㋑のどちらですか。(　　　)

(2) (1)で選んだ向きについて，正しいものに○をつけましょう。

①(　　)太陽が動く向きと同じ。　②(　　)太陽が動く向きとはぎゃく。

(3) 満月が南の空に見えるのはいつごろですか。正しいものに○をつけましょう。

①(　　)正午　②(　　)夕方　③(　　)真夜中

(4) 満月が見えた日の1週間後，月を観察しました。このとき見える月の形として，正しいものに○をつけましょう。

①(　　)満月と同じ形　②(　　)満月とちがう形

ヒント　**1**(3)午後8時，午後9時，午後10時で，月はおよそ同じ向きに動きます。

45 星の位置

月　日
かかった時間
分

●星の位置について，言葉や図をなぞりましょう。

星の位置

時間がたつと，星の位置が　変わる　。このとき，星のならび方は変わ

らないので，星座の形は　変わらない　。

夏の大三角は，　東から西　のほうへ動く。

カシオペヤ座は，　北極星　を中心に，反時計回りに動く。

チャレンジ！

動いた後の夏の大三角やカシオペヤ座の形をなぞろう。

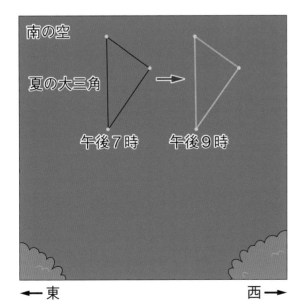

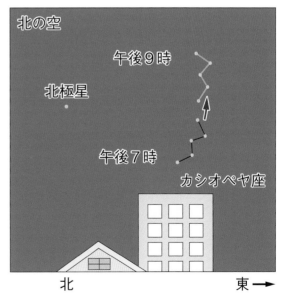

星は動いても，星のならび方は変わらないよ。だから，星座の
位置やかたむきは変わるけど，星座の形は変わらないよ。

89

[1] 右の図は，同じ日の午後7時と午後9時に，ほぼ真上(まうえ)の空に見えた夏の大三角の位置(いち)です。次の問いに答えましょう。

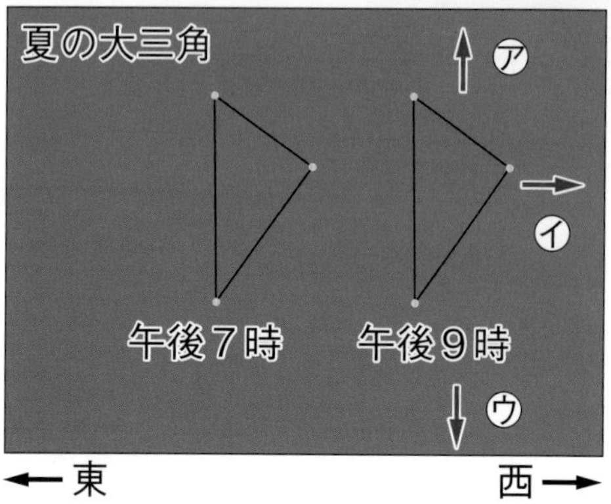

(1) 午後9時は午後7時にくらべて，夏の大三角は東と西のどちらに動(うご)きましたか。

（　　　　　）

(2) 夏の大三角の形について，正しいものに○をつけましょう。

①（　　）午後9時は午後7時と同じ形。

②（　　）午後9時は午後7時とちがう形。

(3) 午後10時には，夏の大三角はどちらに動くと考えられますか。図の㋐，㋑，㋒から選(えら)びましょう。（　　　）

[2] 右の図は，同じ日の午後7時と午後9時にカシオペヤ座(ざ)を観察(かんさつ)した結果(けっか)です。次の問いに答えましょう。

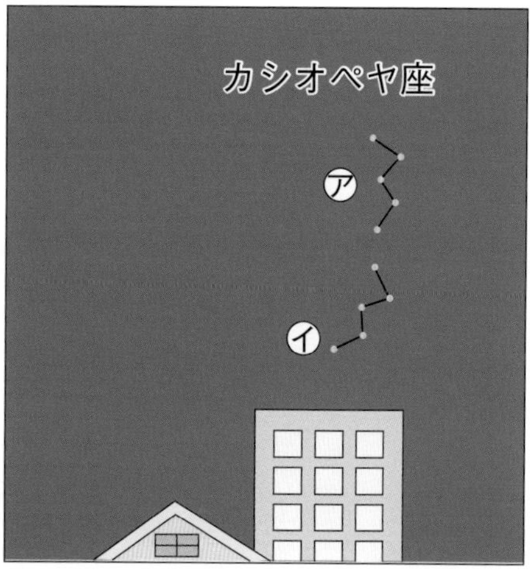

(1) 観察した方位(ほうい)は東・西・南・北のうちのどれですか。（　　　　　）

(2) 午後7時のカシオペヤ座の位置は，㋐と㋑のどちらですか。（　　　）

(3) 午後7時と午後9時で，変(か)わったものには○，変わらなかったものには×をつけましょう。

①（　　）カシオペヤ座の位置　②（　　）カシオペヤ座の形

③（　　）カシオペヤ座のかたむき

ヒント　[2](2)カシオペヤ座は，北極星(ほっきょくせい)を中心として反時計回りに動きます。

46 冬の星

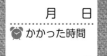
月　　日
かかった時間
分

●冬の星について，言葉や図をなぞりましょう。

冬の星

冬には，真ん中に３つの星がならんでいる　オリオン座　が見える。

オリオン座の　ベテルギウス　，こいぬ座の　プロキオン　，

おおいぬ座の　シリウス　を結んでできる三角形を

冬の大三角　という。

チャレンジ！
冬の大三角をなぞろう。

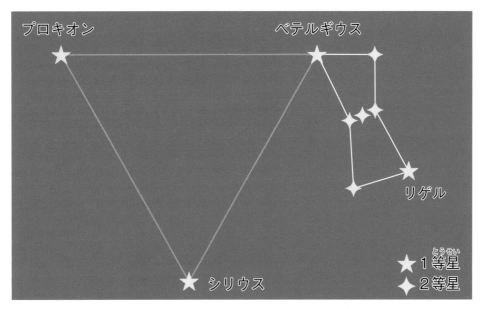

プロキオン　　　　　ベテルギウス

リゲル

シリウス

★１等星
◆２等星

シリウスは，星座をつくる星の中で
いちばん明るいよ。

ベテルギウスは赤っぽい色を
しているよ。

91

1 右の図は，1月のある日の南の空に見えた
星座（せいざ）です。次の問いに答えましょう。

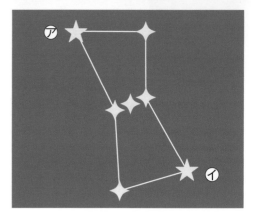

(1) 図の星座を何といいますか。

（　　　　　　　　　　）

(2) ㋐と㋑の星をそれぞれ何といいますか。

㋐（　　　　　　　　　）

㋑（　　　　　　　　　）

(3) ㋐は何色をしていますか。正しいものに○をつけましょう。

①白色（　　）　　②赤っぽい色（　　）　　③青白色（　　）

(4) ㋐は何等星（とうせい）ですか。　　　　　　（　　　　　　　　　）

2 右の図は，1月のある日に見えた星
や星座で，㋐，㋑，㋒の1等星を結（むす）ぶ
と大きな三角形ができました。次の問
いに答えましょう。

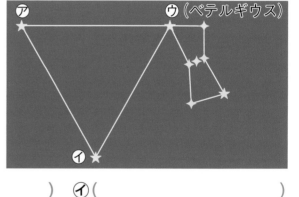

(1) ㋐と㋑の星をそれぞれ何といいま
すか。

㋐（　　　　　　　）　㋑（　　　　　　　）

(2) ㋐，㋑，㋒を結んでできる三角形を何といいますか。

（　　　　　　　　　　）

(3) ㋐と㋑の星をふくむ星座を，　　からそれぞれ選（えら）びましょう。

おおいぬ座　　こいぬ座　　カシオペヤ座　　おおぐま座

㋐（　　　　　　　）　㋑（　　　　　　　）

ヒント　**2**(1)㋑は，星座をつくる星の中でいちばん明るい星です。

しあげのテスト①

点　　月　日　目標15分

1 モンシロチョウが育つようすをまとめました。あとの問いに答えましょう。

【6点×3】

(1) ㋐のすがたを何といいますか。　(　　　　　　)

(2) ㋑の体で，あしがついている部分を何といいますか。

(　　　　　　)

(3) たまごが育つ順に，㋐，㋑，㋒をならべましょう。

(　たまご　→　　　　→　　　　→　　　　)

2 右の図は，ホウセンカの体のつくりを表したものです。次の問いに答えましょう。

【6点×3】

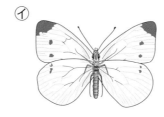

(1) たねからはじめに出る㋐を何といいますか。

(　　　　　　)

(2) ㋑の部分を何といいますか。

(　　　　　　)

(3) ホウセンカが育つ順に，①，②，③をならべましょう。

①　実ができる。　②　花がさく。　③　つぼみができる。

(　　　　→　　　　→　　　　)

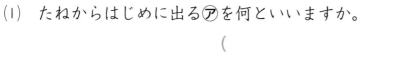

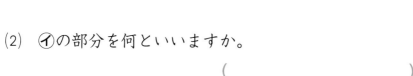

ヒント　[1](2)こん虫の体は，頭，むね，はらに分かれています。

3 右の図のように，午前９時，正午，午後３時に，ぼうのかげの位置を記録しました。次の問いに答えましょう。 【8点×4】

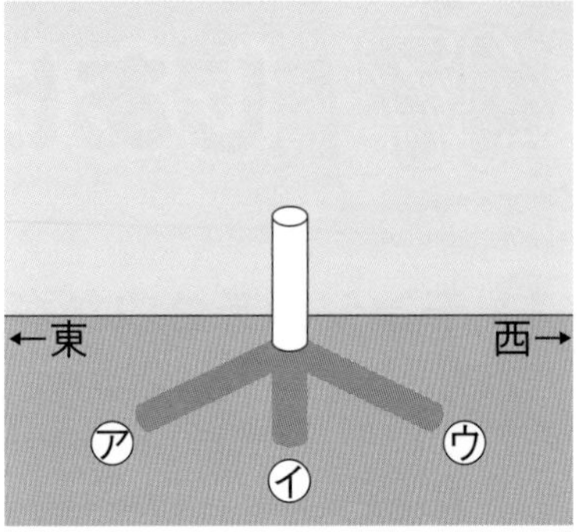

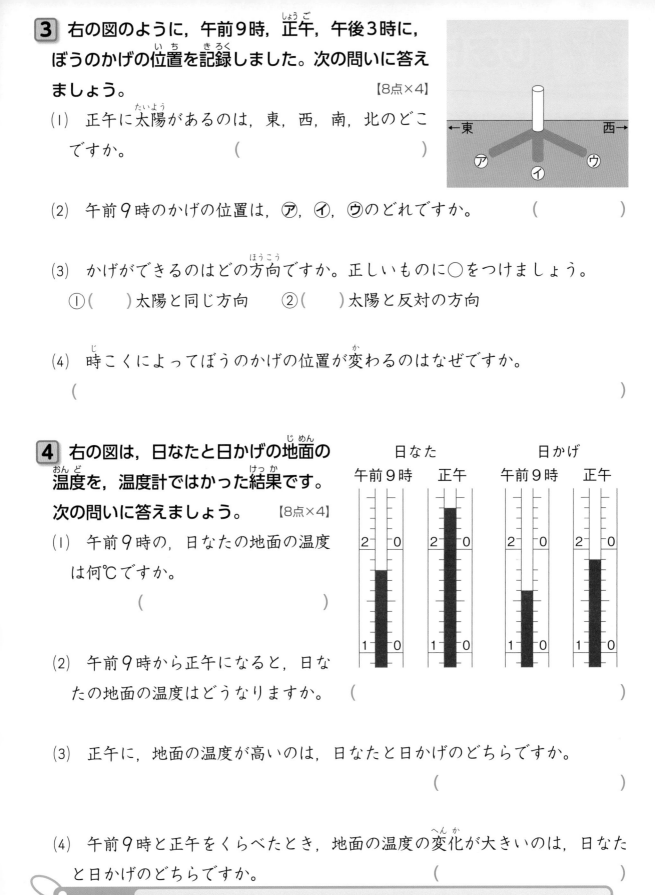

(1) 正午に太陽があるのは，東，西，南，北のどこですか。 (　　　　　　)

(2) 午前９時のかげの位置は，㋐，㋑，㋒のどれですか。 (　　　　　　)

(3) かげができるのはどの方向ですか。正しいものに○をつけましょう。

①(　　)太陽と同じ方向　　②(　　)太陽と反対の方向

(4) 時こくによってぼうのかげの位置が変わるのはなぜですか。

(　　　　　　　　　　　　　　　　　　　　)

4 右の図は，日なたと日かげの地面の温度を，温度計ではかった結果です。次の問いに答えましょう。 【8点×4】

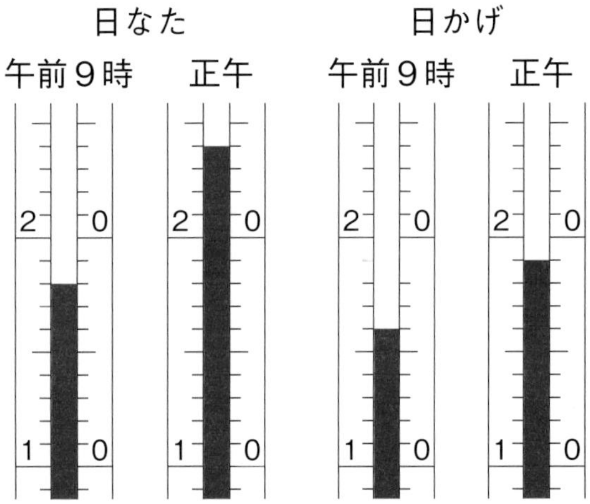

(1) 午前９時の，日なたの地面の温度は何℃ですか。 (　　　　　　)

(2) 午前９時から正午になると，日なたの地面の温度はどうなりますか。 (　　　　　　　　　　)

(3) 正午に，地面の温度が高いのは，日なたと日かげのどちらですか。 (　　　　　　)

(4) 午前９時と正午をくらべたとき，地面の温度の変化が大きいのは，日なたと日かげのどちらですか。 (　　　　　　)

ヒント　[4](4)日なたと日かげで，午前９時と正午の温度のちがいをくらべます。

48 しあげのテスト②

点　　月　日　●目標 15 分

1 生き物の1年について，次の問いに答えましょう。 【8点×3】

(1) 植物のくきののび方がいちばん大きいのは，春，夏，秋，冬のうちのいつですか。 (　　　　　　)

(2) たまごで冬をこす動物に○をつけましょう。

①(　　)ヒキガエル　②(　　)オオカマキリ

③(　　)ナナホシテントウ

(3) 冬から春になると，身のまわりで見られる生き物の種類や数はどうなりますか。

(　　　　　　　　　　)

2 右の図は，ヒトのうでのつくりを表したものです。次の問いに答えましょう。 【8点×3】

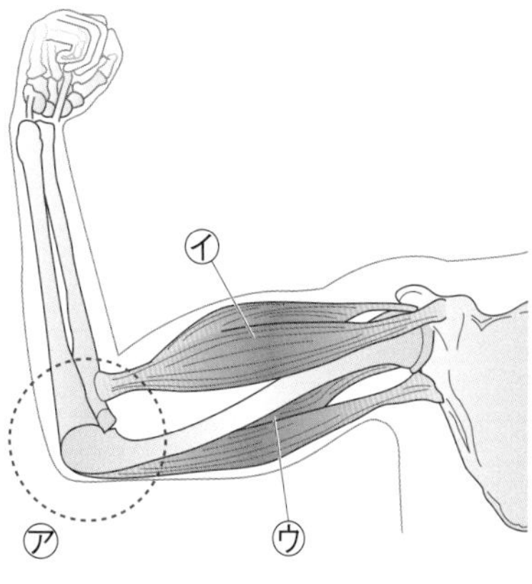

(1) ㋐は，ほねとほねのつなぎ目です。㋐を何といいますか。 (　　　　　　)

(2) 図のようにうでを曲げるとき，ちぢむきん肉は㋑と㋒のどちらですか。 (　　　)

(3) ヒトが走るときに体を動かすしくみとして，正しいものに○をつけましょう。

①(　　)ほねだけのはたらきで動かす。

②(　　)きん肉だけのはたらきで動かす。

③(　　)ほねときん肉のはたらきで動かす。

ヒント　1(1)気温が高くなると，植物のくきののび方は大きくなります。

[3] 右の図のように，よう器に入れた土とすなへ水をそそぐと，土よりもすなのほうが水が早くしみこみました。次の問いに答えましょう。 【8点×3】

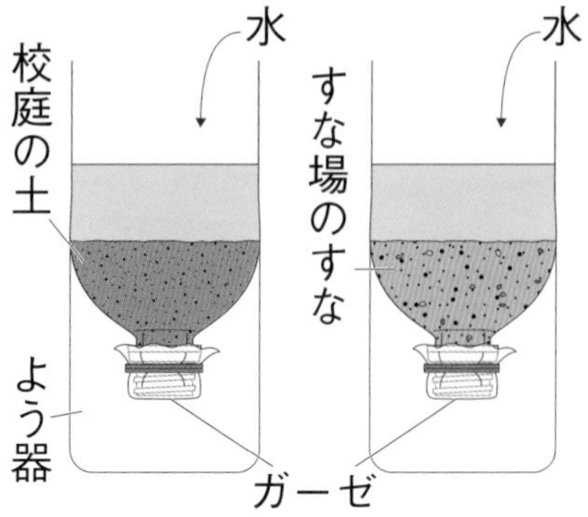

(1) つぶが大きく，さわったときにざらざらしているのは，土とすなのどちらですか。

(　　　　　　　　　)

(2) 実験からわかることとして，正しいものに○をつけましょう。

①(　　)つぶが小さいほど，水が早くしみこむ。

②(　　)つぶが大きいほど，水が早くしみこむ。

(3) 雨がふったときに水たまりができやすいのは，まわりより高いところですか，低いところですか。

(　　　　　　　　　)

[4] 右の図は，夏の東の空に見えた星座です。次の問いに答えましょう。 【7点×4】

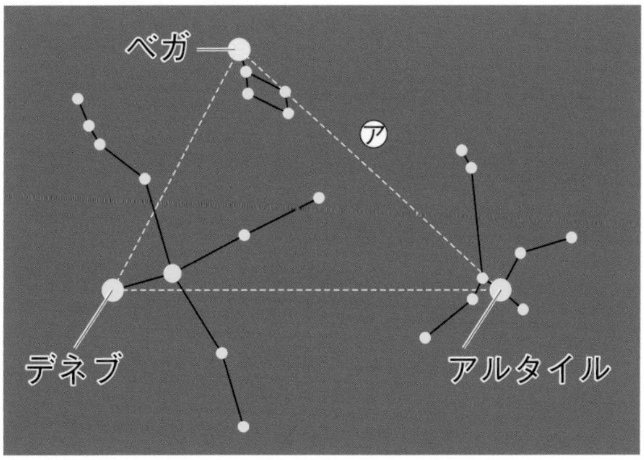

(1) ㋐の三角形を何といいますか。

(　　　　　　　　　)

(2) デネブは何等星ですか。

(　　　　　　　　　)

(3) ベガをふくむ星座はどれですか。正しいものに○をつけましょう。

①(　　)はくちょう座　②(　　)こと座　③(　　)わし座

(4) 時間がたつと変わるものには○，変わらないものには×をつけましょう。

①(　　)星の位置　②(　　)星のならび方

ヒント [3](3)水は，高いところから低いところへ流れます。

答えとてびき　小学3・4年　生き物や空

1 観察の記録のしかた　2ページ

[1] (1)②に○
(2)もとの場所にはなす。

[2] (1)天気，時こく，観察した場所などから１つ
(2)①…×　②…×　③…○
(3)①に○

まちがえやすい

[1] (1)　ぼうしをかぶり，長そで，長ズボンの服をきて，けがをしたり，虫にさされたりしないようにする。

[2] (3)　ほかの生き物のカードとくらべたり，同じ生き物を別の季節に調べたカードとくらべたりするとよい。

2 虫めがねの使い方　4ページ

[1] (1)①に○　(2)タンポポ
(3)(もとのタンポポより)大きく見える。

[2] (1)①に○
(2)(強い光で)目をいためるから。

まちがえやすい

[1] (2)　見たいものが動かせるときは，虫めがねを目に近づけて持ち，見たいものを動かしてよく見えるようにする。

[2] (1)　見たいものが動かせないときは，虫めがねを目に近づけて持ち，自分が動いてよく見えるようにする。

3 しぜんの観察①　6ページ

[1] (1)アブラナ　(2)白色　(3)にている。
(4)②に○　(5)②に○　(6)②に○

まちがえやすい

[1] (3)　タンポポとアブラナは，どちらも黄色い花をさかせる。

(6)　植物は，花の色や葉の形，大きさなどの特ちょうが，にていたりちがっていたりする。

4 しぜんの観察②　8ページ

[1] (1)ダンゴムシ　(2)黒色　(3)①に○
(4)ちがう。　(5)②に○　(6)②に○

まちがえやすい

[1] (3)　観察カードでは，ダンゴムシとアリは，どちらも体が１cmくらいである。

(4)　ダンゴムシはあしが14本あり，モンシロチョウはあしが６本ある。

5 植物の育ち方①　10ページ

[1] (1)ヒマワリ　(2)②に○
(3)水やり　(4)子葉
(5)ヒマワリ…２まい　ホウセンカ…２まい

まちがえやすい

[1] (4)　たねからはじめに出てくる葉を子葉という。

(5)　ヒマワリとホウセンカは，どちらも子葉が２まいである。

6 植物の育ち方②　12ページ

[1] (1)たね→㋑→㋐→㋒　(2)②に○
(3)高くなる。(のびる。)
(4)②に○　(5)①に○

まちがえやすい

[1] (3)　ホウセンカが育つにつれて，高さ(草たけ)は高くなり，葉の数は多くなる。

(5)　ヒマワリはホウセンカと同じように，たねから子葉が出て，そのあとに葉が出てきて，成長する。

7 植物の体のつくり 14ページ

[1] (1)㋐…葉　㋑…くき　㋒…根　(2)㋒
(3)㋐　(4)①に○　(5)①…○　②…○

まちがえやすい

[1] (2)　多くの植物は，根が土の中にある。
(3)　◎はホウセンカの葉である。
(4)　ホウセンカにも，ヒマワリと同じように葉，くき，根がある。

8 モンシロチョウの育ち方① 16ページ

[1] (1)②に○　(2)①に○
[2] (1)よう虫
(2)①…○　②…×　③…×　④…○
(3)①に○　(4)皮
(5)ふえる。(多くなる。)

まちがえやすい

[1] (1)　キャベツの葉は，たまごからかえったよう虫の食べ物になる。
[2] (2)①　よう器の外と中の空気が入れかわるように，よう器にはあなをあけておく。
②　えさは毎日とりかえ，残っていたえさはとりのぞく。
③　よう虫を葉にのせて，葉ごとよう虫を動かす。

9 モンシロチョウの育ち方② 18ページ

[1] (1)㋐…さなぎ　㋑…成虫　(2)②に○
(3)㋐　(4)㋑　(5)たまご→㋒→㋐→㋑
(6)①に○

まちがえやすい

[1] (2)(3)　㋐のさなぎはほとんど動かず，何も食べない。㋑の成虫は動き，花のみつをすう。㋒のよう虫は動き，キャベツの葉などを食べる。
(5)(6)　モンシロチョウは，たまご→よう虫→さなぎ→成虫の順に育ち，形が大きく変わる。

10 チョウのなかまの育ち方 20ページ

[1] (1)㋐…よう虫　㋑…成虫　㋒…さなぎ
(2)①に○　(3)②に○　(4)㋒
(5)たまご→㋐→㋒→㋑　(6)①に○

まちがえやすい

[1] (2)　ミカンの葉は，たまごからかえったよう虫の食べ物になる。
(3)　成虫は花のみつを食べ物にしている。
(5)(6)　アゲハはモンシロチョウと同じように，たまご→よう虫→さなぎ→成虫の順に育つ。

11 チョウの体のつくり 22ページ

[1] (1)㋐…頭　㋑…むね　㋒…はら　(2)㋑
(3)6本　(4)こん虫
(5)①…○　②…○　③…×　④…○
⑤…×

まちがえやすい

[1] (1)〜(4)　モンシロチョウのように，体が頭，むね，はらの3つに分かれており，6本のあしがむねについている虫のなかまを，こん虫という。
(5)③　しょっ角は頭についている。
⑤　モンシロチョウのあしやはらにはふしがあり，ふしのところで曲がる。

12 こん虫の体のつくり 24ページ

[1] (1)㋐…㋕　㋑…㋖　㋒…㋗
(2)㋖　(3)むね　(4)㋕
(5)①…○　②…○　③…○　④…×
(6)こん虫

まちがえやすい

[1] (1)　トンボはチョウと同じように，体が頭，むね，はらの3つに分かれている。
(2)(3)　6本のあしがむねについている。

こん虫とこん虫でない虫 26ページ

1 (1)②に○　(2)②に○
(3)こん虫…チョウ, バッタ
　こん虫でない虫…ダンゴムシ, クモ
(4)③に○

まちがえやすい

1 (1)　ダンゴムシのあしは14本で, チョウのあしは6本である。
(2)　クモは体が2つに分かれており, バッタは体が3つに分かれている。

 こん虫の育ち方① 28ページ

1 (1)よう虫(やご)　(2)②に○
(3)①と③に○　(4)たまご→イ→ア
(5)さなぎにならない点。　(6)②に○

まちがえやすい

1 (1)(2)　トンボのよう虫(イ)は, 水中の小さな動物を食べる。
(5)(6)　チョウはたまご→よう虫→さなぎ→成虫の順に育つが, トンボはたまご→よう虫→成虫の順に育つ。このように, さなぎになるこん虫と, さなぎにならないこん虫がいる。

 こん虫の育ち方② 30ページ

1 (1)①…ア　②…ウ　③…エ　④…イ
(2)②に○　(3)イ
(4)さなぎにならないところ。

まちがえやすい

1 (1)　①はモンシロチョウ, ②はショウリョウバッタ, ③はシオカラトンボ, ④はカブトムシのよう虫である。
(3)　チョウやカブトムシ, テントウムシのなかまは, さなぎになる。
(4)　バッタやトンボ, セミのなかまは, さなぎにならない。

 動物のすみかやようす 32ページ

1 (1)①…花のみつ　②…草
(2)③…落ち葉の下　④…林
(3)①と④に○　(4)①に○

まちがえやすい

1 (3)　ショウリョウバッタは, 食べ物である草がたくさんあるところに多く見られる。また, 体の色が緑色で, 草の色とにているので, ほかの動物から見つかりにくくなる。

 花や葉のようす 34ページ

1 (1)花がさく前
(2)①…イ　②…ア　(3)ヒマワリ
(4)ふえた。(多くなった。)

まちがえやすい

1 (3)　7月10日は, ヒマワリの高さは148cmで, ホウセンカの高さは42cmだから, ヒマワリのほうが高い。

 植物の一生 36ページ

1 (1)たね→ウ→エ→イ→ア　(2)実
(3)たね　(4)かれる。　(5)①に○

まちがえやすい

1 (2)(3)　花がさいた後に実ができ, 実の中にはたねができる。
(4)花がさいて実の中にたねができた後, ホウセンカはかれる。たねをまくと芽が出て, 新しいホウセンカができる。

 方位じしんの使い方 38ページ

1 (1)②に○　(2)北
(3)①…ア　②…北　(4)西　(5)②に○

まちがえやすい

1 (4)　図2から, 学校が西のほうにあることがわかる。

20 かげのでき方

40ページ

[1] (1)しゃ光板(しゃ光プレート)
(2)(強い光で)目をいためる

[2] (1)㋐　(2)反対　(3)㋓　(4)同じ。

まちがえやすい

[1] 太陽をちょくせつ見ると，強い光で目をいためることがあるので，太陽を見るときはしゃ光板を使う。

[2] (1)(2)　かげは，太陽と反対側にできる。太郎さんのかげが㋑の向きにできているので，その反対側の㋐の向きに太陽がある。
(3)(4)　かげは同じ向きにできるので，花子さんのかげは，㋑と同じ㋓の向きにできる。

21 時こくとかげ

42ページ

[1] (1)㋐　(2)東→南→西　(3)㋗
(4)②に○　(5)太陽が動いたから。

まちがえやすい

[1] (1)(2)　東からのぼった太陽は，南の空を通り，西にしずむ。
(3)　かげは太陽の反対側にできる。午前9時ごろは，太陽は東のほうにあるから，かげは西のほうの㋗の位置にできる。
(4)(5)　太陽が東→南→西と動いたため，かげの位置は㋗→㋖→㋕と動いた。

22 温度計の使い方

44ページ

[1] (1)㋑　(2)③に○　(3)℃
(4)①…15℃　②…24℃　③…20℃

まちがえやすい

[1] (1)　えきが動かなくなったら，目もりを真横から読む。
(2)　温度計におおいをかぶせ，ちょくせつ日光が当たらないようにする。
(4)③　19℃と20℃の真ん中にあるので，上のほうの目もりを読んで20℃とする。

23 日なたと日かげの温度

46ページ

[1] (1)日なた　(2)あたたかい。(熱い。)
(3)太陽の光(日光)が当たっている

[2] (1)高くなる。(上がる。)
(2)日なた　(3)日なた

まちがえやすい

[1] (1)日なたの地面はかわいていて，日かげの地面はしめっていることが多い。
(2)(3)　太陽の光が当たった地面はあたためられて，温度が高くなる。

[2] (1)　午前9時は19℃で，正午は25℃だから，正午のほうが温度が高くなっている。

24 春の動物

48ページ

[1] (1)種類…ふえる。(多くなる。)
数…ふえる。(多くなる。)
(2)①…高く　②…さかんに
(3)オオカマキリ…①に○
ヒキガエル…②に○
(4)①に○　(5)たまごを産んでいる。

まちがえやすい

[1] (3)オオカマキリ…①は春，②は秋のようす。
ヒキガエル…①は秋や冬，②は春のようす。

25 春の植物

50ページ

[1] (1)①に○　(2)③に○
(3)高くなる(上がる)

[2] (1)のびる。(長くなる。)
(2)ふえる。(多くなる。)
(3)①に○　(4)①に○

まちがえやすい

[1] (3)　気温が高くなると，植物の成長がさかんになる。

[2] (4)　春につくったカードはほぞんしておき，同じ植物を別の季節に観察して，季節ごとに変化を調べる。

26 夏の動物 **52ページ**

1 (1)種類…ふえる。(多くなる。)

数…ふえる。(多くなる。)

(2)①…高く　②…さかんに

(3)大きくなる。(成長する。)

(4)ヒキガエル…①に○　ツバメ…①に○

(5)①と④に○

！まちがえやすい

1 (3)　春にたまごからかえったオオカマキリのよう虫は、小さな虫などを食べて大きくなり、やがて成虫になる。

(4)ヒキガエル…①は夏のようすで、②は春のようすである。

ツバメ…①は夏のようすで、②は春のようすである。

27 夏の植物 **54ページ**

1 ③に○

2 (1)②に○　　(2)多くなる。(ふえる。)

(3)高くなる。(上がる。)

(4)大きくなる。(長くなる。)

(5)①に○

！まちがえやすい

2 (5)　春から夏になって気温が高くなると、ヘチマのくきののび方が大きくなる。

28 体のつくり **56ページ**

1 (1)ほね　　(2)きん肉　　(3)関節　　(4)ウ

2 (1)①に○　　(2)イ、ウ　　(3)つなぎ目

！まちがえやすい

1 (3)(4)　ほねとほねのつなぎ目を関節といい、関節のところで体が曲がる。

2 (1)　ヒトの体には、いろいろな形をしたたくさんのほねがある。

(2)　イはひじ、ウはひざの関節で、どちらも曲げることができる。

29 体のつくりと運動 **58ページ**

1 (1)ほね　　(2)ア

(3)ウ…ゆるむ。　エ…ちぢむ。

(4)③に○

2 (1)②に○　　(2)きん肉　　(3)①と②に○

！まちがえやすい

1 (1)　きん肉は、力を入れたときだけかたくなるが、ほねはいつもかたい。

(2)　うでを曲げるときは、内側のきん肉アがちぢみ、外側のきん肉イがゆるむ。

(3)　うでをのばすときは、内側のきん肉ウがゆるみ、外側のきん肉エがちぢむ。

2 (2)(3)　ウサギはヒトと同じように、ほねときん肉のはたらきで体を動かす。

30 秋の動物 **60ページ**

1 (1)夏　　(2)①…低く　②…にぶく

(3)オオカマキリ…②に○

ヒキガエル…①に○

(4)③に○

！まちがえやすい

1 (2)　秋になって気温が低くなると、動物の活動がにぶくなる。

(4)　ツバメはあたたかいところにすむので、秋になると南のあたたかい国にわたっていく。

31 秋の植物 **62ページ**

1 (1)②に○　　(2)②に○

2 (1)低くなる。(下がる。)

(2)小さくなる。(のびなくなる。)

(3)②に○　　(4)茶色　　(5)たね

！まちがえやすい

1 サクラの葉は、夏は緑色をしているが、秋になると色づき、やがてかれて落ちる。

2 (1)(2)　気温が低くなると、ヘチマのくきののび方が小さくなる。

32 冬の動物　64ページ

1 (1)へる。（少なくなる。）
　(2)①…低く　②…にぶく
　(3)ヒキガエル…①に○　ツバメ…②に○
　(4)①…成虫　②…よう虫
　　③…たまご　④…さなぎ

まちがえやすい

1 (1)(2)　秋から冬になって気温が低くなると，動物の活動がにぶくなったり，見られる動物がへったりする。
　(4)①　ナナホシテントウの成虫は，落ち葉のうらなどでじっとして冬をこす。

33 冬の植物　66ページ

1 (1)③に○　(2)①に○
2 (1)①…かれている。　②…かれている。
　　③…かれている。
　(2)②に○　(3)③に○

まちがえやすい

1 (2)　冬は，サクラのえだに葉はないが，芽がついている。春になると，芽から花や葉が出てくる。
2 冬になると，ヘチマの葉，くき，根はかれる。実にできたたねで冬をこし，春になるとたねから芽が出て，新しいヘチマができる。

34 生き物の1年　68ページ

1 (1)①　イ→ウ→エ→ア
　　②　エ→ア→イ→ウ
　(2)夏
　(3)動物の活動…さかんになる。
　　植物の成長…さかんになる。
　(4)低くなる（下がる）　(5)①に○

まちがえやすい

1 (2)　気温が高い夏は，ヘチマのくきがよくのびる。

35 天気の決め方，気温のはかり方　70ページ

1 (1)雲（の量）　(2)①…くもり　②…晴れ
2 (1)①に○　(2)②に○　(3)③に○

まちがえやすい

1 天気は，空全体にある雲の量で決める。青空が見えていれば「晴れ」とし，青空がほとんど見えなければ「くもり」とする。
2 気温は風通しのよいところで，温度計を地面から1.2m～1.5mの高さにして，温度計に日光がちょくせつ当たらないようにしてはかる。

36 折れ線グラフ　72ページ

1 (1)時こく　(2)高くなった。（上がった。）
　(3)低くなった。（下がった。）　(4)②に○

2
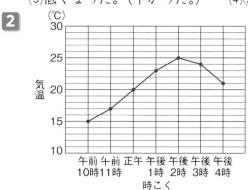

まちがえやすい

1 (4)　グラフのかたむきが大きいほど，気温の変化が大きい。

37 1日の気温の変化　74ページ

1 (1)②に○　(2)高くなった。（上がった。）
　(3)午後2時　(4)1日目
　(5)(1日目のほうが)大きい　(6)①に○

まちがえやすい

1 (3)　晴れの日は，午後2時ごろに気温がいちばん高くなることが多い。
　(4)(5)　晴れの日はくもりの日よりも，1日の気温の変化が大きい。

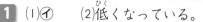

38 星座早見の使い方 76ページ

[1] (1)星座早見　(2)7月19日(の)午後9時
(3)北

[2] (1)①に○　(2)下にして持つ

まちがえやすい

[1] (2)　21時は午後9時である。
(3)　星座早見では，調べたい方位を下にして持つ。図3では北が下になっているから，調べている方位は北である。

[2] (1)　南の空の星を調べるから，南を下にして持っている①が正しい。

39 星と星座 78ページ

[1] (1)星座　(2)②に○
(3)星の(見かけの)明るさ
(4)星の色…②に○　星の明るさ…②に○

[2] (1)②に○　(2)㋑

まちがえやすい

[1] (3)　1等星がいちばん明るく，2等星，3等星，…の順に暗くなる。
(4)　星の色や明るさは，星によってちがう。

[2] (2)　いちばん明るいのは，1等星の㋑である。

40 夏の星 80ページ

[1] (1)㋐…デネブ　㋑…ベガ　㋒…アルタイル
(2)夏の大三角　(3)①に○　(4)こと座

[2] (1)さそり座　(2)アンタレス
(3)赤色　(4)1等星

まちがえやすい

[1] はくちょう座のデネブ(㋐)，こと座のベガ(㋑)，わし座のアルタイル(㋒)を結んでできる三角形を，夏の大三角という。デネブ，ベガ，アルタイルはどれも1等星で，白色をしている。

41 雨水のゆくえと地面のようす 82ページ

[1] (1)㋑　(2)低くなっている。

[2] (1)すな　(2)②に○　(3)①に○

[3] (まわりより)低くなっているから。

まちがえやすい

[1] 水は高いところから低いところへ流れるので，水たまりができているところはまわりよりも低い。だから，水は㋑の向きに流れたと考えられる。

[2] (1)(2)　つぶが大きいすなのほうが，水がしみこみやすい。
(3)　土はすなよりも水がしみこみにくいので，水たまりができやすい。

42 水のゆくえ 84ページ

[1] (1)下がる。(低くなる。)
(2)水じょう気(気体)　(3)じょう発

[2] (1)②に○　(2)結ろ　(3)②に○

まちがえやすい

[1] (1)(2)　水が水じょう気になって出ていくので，水面の位置が印よりも下がる。

43 月の位置① 86ページ

[1] (1)②に○　(2)目印(きじゅん)
(3)①に○　(4)①に○

[2] (1)㋑　(2)①に○　(3)②に○

まちがえやすい

[1] (1)(2)　月の位置の変化を調べるときは，観察する場所はいつも同じにし，月の位置の目印となる建物をいっしょに記録する。

[2] (1)(2)　半月は時間とともに，東→南→西と動く。この向きは，太陽が動く向きと同じである。
(3)　右側半分が光る半月は，正午に東からのぼり，夕方に南の空を通って，真夜中ごろに西にしずむ。

44 月の位置② 88ページ

1 (1)満月 (2)①…○ ②…○ ③…×
(3)イ

2 (1)イ (2)①に○
(3)③に○ (4)②に○

まちがえやすい

1 (3) 午後10時には，午後9時よりもさらに右上の位置にあると考えられる。

2 (4) 満月が見えた1週間後には，左側半分が光る半月が見える。

45 星の位置 90ページ

1 (1)西 (2)①に○ (3)イ

2 (1)北 (2)イ
(3)①…○ ②…× ③…○

まちがえやすい

1 (3) 午後10時には，午後9時よりもさらに西に動いた位置にあると考えられる。

2 (1)カシオペヤ座は北の空に見える。
(2)北の空の星は，北極星を中心として反時計回りに動くから，午後7時から午後9時でイ→アの向きに動いた。

46 冬の星 92ページ

1 (1)オリオン座
(2)ア…ベテルギウス イ…リゲル
(3)②に○ (4)1等星

2 (1)ア…プロキオン イ…シリウス
(2)冬の大三角
(3)ア…こいぬ座 イ…おおいぬ座

まちがえやすい

1 (2)～(4) ベテルギウスは，赤っぽい色をした1等星である。

2 オリオン座のベテルギウス，こいぬ座のプロキオン(ア)，おおいぬ座のシリウス(イ)を結んでできる三角形を，冬の大三角という。

47 しあげのテスト① 93～94ページ

1 (1)さなぎ (2)むね
(3)たまご→ウ→ア→イ

2 (1)子葉 (2)くき (3)③→②→①

3 (1)南 (2)ウ (3)②に○
(4)太陽が動くから。

4 (1)18℃ (2)高くなる。(上がる。)
(3)日なた (4)日なた

まちがえやすい

1 (2) むねに6本のあしがついている。

2 (3) つぼみができた後，つぼみがふくらんで花がさく。やがて花の根もとがふくらんで実ができ，その中にたねができる。

3 (2) 午前9時→正午→午後3時で，かげはウ→イ→アと動いた。

4 (2) 太陽がのぼるにつれて地面があたためられ，温度が高くなる。

48 しあげのテスト② 95～96ページ

1 (1)夏 (2)②に○
(3)ふえる。(多くなる。)

2 (1)関節 (2)イ (3)③に○

3 (1)すな (2)②に○
(3)(まわりより)低いところ

4 (1)夏の大三角 (2)1等星 (3)②に○
(4)①…○ ②…×

まちがえやすい

1 (3) 冬から春になって気温が高くなると，見られる動物の種類や数がふえる。

2 (2) うでを曲げるときは，内側のきん肉(イ)がちぢみ，外側のきん肉(ウ)がゆるむ。

3 (3) 水は高いところから低いところへ流れるので，低いところに水たまりができやすい。

4 (1)～(3) はくちょう座のデネブ，こと座のベガ，わし座のアルタイルを結んでできる三角形を，夏の大三角という。デネブ，ベガ，アルタイルは，どれも1等星である。

2 1 0 9 8 7 6 5 4 3
＊ ＊ D C B A